百姓たちの水資源戦争

江戸時代の水争いを追う

渡辺尚志

草思社文庫

はじめに

●百姓たちの水資源戦争

本書は、江戸時代の百姓たちが、水とどのように関わって生きてきたのかを述べようとするものです。百姓たちにとって、水は飲料水・生活用水であるとともに、農業用水としても不可欠でした。水の確保は死活問題だったのです。

けれども、江戸時代においても水資源は有限でした。そこで、水不足の年などには、同じ川から農業用水を取水する村々の間で、水をめぐる争いが起こりました。たとえば、上流部の村が多く取水したため、下流部の村まで水が行き渡らなくなり、下流部の村が上流部の村に抗議するといったケースです。本書では、江戸時代に生きたわれわれの先祖たちが、水をめぐって、一面では対立し争い、他面では協力してきた歩みを、具体的に述べていきます。

現代でも、水をめぐる対立はなくなっていません。平成25年（2013）には、九州北部の諫早《いさはや》湾の締め切り干拓を解除するかどうかが大きな問題になりました。群馬県を流れる吾妻川《あがつまがわ》の八ッ場《やんば》ダム建設についても、賛否の議論がありました。農業者と漁業者では利害が異なり、水害防止、水の確保、環境保護のいずれを優先するかによっても立場は変わってきます。水をめぐる対立は、きわめて現代的な問題でもあるのです。ですから、本書は歴史に関心のある方だけでなく、現代の資源・農業・環境問題に関心をお持ちで、それを歴史的に考えたいと思う方々にもぜひ読んでいただきたいと思います。

私は、これまで三十数年間、ずっと江戸時代の村と百姓について調べてきました。今日の農村を訪れて、農家の土蔵に大切に保存されてきた古文書を見せていただいたりしながら、江戸時代の百姓たちとの対話を続けてきました。そして、従来の「もの言わぬ悲惨な民」という百姓像を覆《くつがえ》すべく努めてきたのです。本書でも、水をめぐって抜き差しならない対立を起こしつつ、それを乗り越えるべく妥協点を模索する百姓たち、自分一己《いっこ》の利害と他者との協調とのはざまで揺れ動く百姓たち、そうした百姓たちの生身の人間としての実像を描いてみたいと思います。

●農業用水の確保と治水に努める百姓たち

私たちは日々何気なく水を使っていますが、人は水なしには生きられません。人体の70パーセントは水だといわれます。それは、古今東西、万国共通の事実です。けれども、人と水との具体的な関係は歴史とともに大きく変わってきました。本書で取り上げる江戸時代の百姓たちと、現代の都会に生きる人々とを比べてみましょう。

現代の私たちは、のどが渇けば水道から水を飲めますし、コンビニで水のペットボトルを買うこともできます。手軽においしい水が飲める有難さを、日ごろのわれわれはともすると忘れがちです。水洗トイレの普及により、そこでも水のお世話になっています。

その一方で、近くに川があっても、水が汚れているため、泳いだり水遊びをしたりできないことも多いでしょう。岸や川底がコンクリートで固められたため、魚や水生の動植物がみられなくなった川もたくさんあります。そうした点では、水（川）とわれわれとの距離は遠くなったともいえます。

江戸時代の村では、事情は全然違っていました。上水道はありませんから、飲料水は井戸や近くの川などから得たのです。し尿は流すのではなく、溜めて田畑の肥料に用いました。化学肥料のない江戸時代には、し尿は貴重な肥料でしたから、百姓たちは都市の町人たちからし尿を購入してまで作物に施していたのです。

総じて、川はきれいでしたから、村の子どもたちは川で泳いだり、魚とりをしたりして遊びました。現代のわれわれが、車で遠くのキャンプ場などに行かないと味わえないような楽しみが、ごく身近にあったのです。

そして、江戸時代の百姓にとって、水は農業用水として不可欠だったという点が、現代の都会人とのもっとも大きな違いです。水がなければ植物が育たないのは当たり前ですが、日本では自然に降る雨だけに頼って十分な収穫をあげられる耕地は少ないのが実情です。そのため、自然に手を加えて、水を耕地まで引いてくる必要がありました。それは、百姓たち自らがやるべき仕事でした。

また、農業用水の確保は、治水、すなわち洪水や氾濫の防止と表裏一体でした。用水は川や池から用水路を通して引いてくるわけですが、大雨が降れば川は氾濫して沿岸の村々に被害を及ぼします。自然は人に恵みを与えるだけではなく、時として大きな脅威にもなるのです（今日のわれわれは、それを実体験として痛感しています）。

ですから、百姓たちは、堤防の築造など治水にも力を尽くす必要がありました。大規模な治水工事になると、幕府や大名が計画・立案して施工し、費用も負担しました。その際も、実際に現場に出て働くのは百姓たちでした。ましてや、小規模な工事では、費用も労働力もすべて百姓たちが負担しなければなりませんでした。

このように、農業用水を得るのも、水害を防ぐのも、百姓はみな自分たちでやっていたのです。それは手間も金もかかる大変な仕事でしたが、百姓たちが生きていくうえでは不可欠な作業でした。そして、百姓たちは、こうした作業を通じて、自然と付き合う知恵を身につけ、生活者として成長していったのです。何も考えずに水道から水を飲み、治水は行政に委《ゆだ》ねている現代人よりも、江戸時代の百姓のほうが、水についての実践的知識は豊富だったといえるでしょう。

以上述べたように、江戸時代の百姓と現代の都会人とでは、水との関わり方が大きく違います。現代のわれわれは、水が手軽に手に入る一方で、水の管理は人任せ、行政任せにして、水と疎遠《そえん》になっているといえるのではないでしょうか。水との付き合い方は、時代によって大きく変わってきたのです。

現代は、地球規模での環境破壊や資源の枯渇《こかつ》が問題になっています。これらは、われわれすべてが自分のこととして考えるべき問題です。そのとき、やや遠回りにはなりますが、われわれの先祖が水とどう付き合ってきたのか、その歴史を具体的にひもとくなかから、解決のヒントを探るのも意味のあることだと思います。

江戸時代の村は現代と比べればエコロジー社会だったといえますが、そこにも自然破壊や環境問題はあり、災害も村を襲いました。そうしたなかで、百姓たちは知恵を絞って、自然とのより良い付き合い方を模索していたのです。そうした努力を追体験してみようというのが、本書のねらいです。

●多量の水が育む日本のコメ

江戸時代の村人たちにとって、水は飲料水・生活用水として不可欠であるとともに、農業用水としても無くてはならぬものでした。一般に農業には水が必要ですが、日本の場合は水田稲作農業が基幹的位置を占めていたため、農業用水の重要度はより一層高いものとなったのです。そこで、まず稲（米）の話から入ることにしましょう。

米は、小麦・トウモロコシと並んで、世界3大穀物のひとつとされています。米は、保存性に優れ、栄養価が高く、貯蔵も容易で、味もよいという長所があります。現代でも、力うどんといえば、餅の入ったうどんのことを指すように、米は高栄養価のスタミナ食なのです。また、米は主食の米飯として食べるほかに、酒・餅・和菓子などにも加工され、日本人にとってなくてはならぬ食材となっています。

それだけではありません。日本人にとって、米は力の源となる聖なる食物でした。そのため、百姓たちは、普段は雑穀入りの飯を食べていても、村祭りなどのハレの日には、白飯や餅を腹一杯食べ、米から造った酒を飲んだのです。

米は数ある穀物のなかでももっとも尊ばれました。今でも白飯のことを銀シャリといいますが、この「シャリ」とは「仏舎利《ぶっしゃり》」、すなわちお釈迦様の遺骨のことです。米は、仏舎利が変じたものだと考えられていたのです。また、米を菩薩《ぼさつ》だとする思想もありました。米は、単なる食品ではなく、それ以上の特別の存在だったのです。

稲は亜熱帯産の植物で、温暖湿潤な気候を好み、アジア各地で広く栽培されています。多産性の植物で、現代では1粒の種子から2000粒もの米を得ることができます。稲には、ジャポニカ種とインディカ種（インド料理のサフランライスなどに使われる、粒の長い米です）があり、ジャポニカ種はさらに温帯ジャポニカと熱帯ジャポニカに分かれます。日本で栽培されているのは温帯ジャポニカで、これは栽培に多量の水を必要とするという特徴があります。そのため、日本の水田稲作には用水の供給が不可欠となるのです。

弥生時代以降、古代・中世を通じて、米はしだいに社会的価値を高め、聖なる食物として特別の地位を占めるようになっていきました。そして、江戸時代においては、最重要の食料であるとともに、石高制《こくだか》（後述）というかたちで社会制度の根幹となり、価値基準として貨幣同様の機能を果たしたのです。日本史上、米がもっとも重視されたのが江戸時代だったといえるでしょう。明治以降、米の生産量はさらに増加して、全国民が米の飯を腹一杯食べられるようになりますが、同時に欧米の食文化（肉やパンなど）が普及したため、米の特別な地位は徐々に低下していったのです。

18世紀前半頃の全国の総耕地面積（対馬《つしま》国を除く）は約296万556町《ちょう》（江戸時代の面積の単位については後述）で、そのうち田が約164万3446町、畑が約131万7105町でした。田1・25対畑1の比率になります。田が過半を占めていることとともに、畑の多さにも注目が必要です。江戸時代には、畑の比重もけっして軽くはありませんでした。

　その後、明治14年（１８８１）には、全国の総耕地面積は４４４万６７６０町となり、18世紀前半頃の１・５倍になっています。そのうち、田は２５９万１１３１町、畑は１８５万５６２８町で、田１・40対畑１の比率になっています。江戸時代を通じて、田が大幅に増加したのです（原田信男『コメを選んだ日本の歴史』）。

●「石高制」とは何か？

　江戸時代は石高制の社会といわれています。大名・旗本《はたもと》など武士の領地の規模も、百姓の所持地の広狭《こうきょう》や村の規模も、いずれも石高によって表示されたからです。では、石高とは何でしょうか。それは、田畑・屋敷地などの課税基準となる生産高（年貢高とする説もあります）を玄米の量で表したものです。石高とは、一定面積の田から収穫される平均的な玄米量を表しているのです。畑や、まして屋敷地には通常米は作りませんが、作ったと仮定して畑や屋敷地にも石高を設定したのです。石高は、豊臣秀吉や江戸時代の幕府・大名が行なった土地の調査である検地《けんち》によって定められました。

　石高は、容積の単位である石《こく》・斗《と》・升《しょう》・合《ごう》・勺《しゃく》・才《さい》で表示されました。１石＝10斗、１斗＝10升、１升＝10合、１合＝10勺、１勺＝10才です。１升瓶が約１・８リットル入りであることは、現代人でも知っています。１石は１００升ですから、約１８０リットルとなります。米１石の重さは約１５０キログラムです。１人１年間の米消費量は、一概《いちがい》にはいえませんが、おおよそ1石程度でした。

　豊臣秀吉や徳川家康は、戦国の争乱のなかから天下をつかみました。戦場の覇者だったのです。ですから、戦《いくさ》に勝つための兵糧《ひょうろう》（戦場食）の重要性は身に染みていました。そのため、武家の権力者は米を重視し、石高制というかたちで社会の基軸に据えたのです。また、民衆にとっても、戦乱や飢饉《ききん》・災害のなかを生き抜くためには、金よりも食べ物がまずは必要でした。さらに、中世以来の仏教思想の影響で肉食が忌《き》避《ひ》されたことも、米の地位を相対的に高めました。これらの諸要因が合わさって、石高制が生まれ定着したのです。

　ただし、米が社会制度の根幹だったからといって、江戸時代が現物経済の社会だったというわけではありません。同時に貨幣も社会に普及していましたし、米も物々交換の対象というよりも、貨幣に準じた価値基準としての意味が大きかったのです。

　ここで、江戸時代の面積の単位について説明しておきましょう。江戸時代には、土地の面積を表す単位として町《ちょう》・反《たん》（段）・畝《せ》・歩《ぶ》が用いられました。1町＝10反、1反＝10畝、1畝＝30歩です。1歩＝1坪であり、これは1間《けん》（約1・8メートル）四方の面積です。およそ畳2畳分です。1畝は1アール（100平方メートル）、1反は1000平方メートル、1町は1ヘクタール（100メートル四方）にほぼ相当します。

また、ごくおおまかにいって、1反の土地からは1石強の米がとれると考えてください。1町の土地からは米10石強ということになります。

●本書の構成

本書は、2部構成になっています。第一部では、江戸時代における百姓と水の関わりについてさまざまな角度から述べていきます。本書の総論にあたる部分です。江戸時代には治水工事にどのような工夫が凝《こ》らされていたか、水争いの原因は何か、水争いはどのようにして解決されたのか、といったことがらについて網羅的に考えていきます。

第二部では、豊富な史料が残されている現在の大阪府域に対象地域を絞って、そこにおける百姓と水の関わりを具体的に述べていきます。本書の各論にあたります。村と百姓の生存をかけた営みを、リアルに示したいと思います。また、中世から近世(江戸時代)にかけての変化や、近世から近代にかけての変化にも目配りして、そのなかに近世を位置付けていきます。第二部は、地域に根ざした内容であるとともに、そこで明らかになった事実は、かなりの程度全国各地にも共通する普遍性をもっています。本書によって、江戸時代の水争いの特徴がおおよそご理解いただけると思います。

第二部の対象地域には、古市《ふるいち》古墳群が存在し、現在でも各所に古墳をみることができます(現在は、世界遺産に登録されています)。第二部では、江戸時代の百姓たちと古墳との関わりについてもふれます。古墳の周囲の壕《ほり》の水は、江戸時代には農業用水として利用されていたのです。

では、さっそく本論に入っていきましょう。

百姓たちの水資源戦争　江戸時代の水争いを追う　目次

はじめに　3

第一部　水とともに生きる百姓たち
江戸時代の治水・用水の知恵から、水争いの実態まで

一　田を洪水から守る知恵……28
日本の水田の特徴　28
広大な田園風景は江戸時代につくられた　29
家康による利根川の付け替え工事　31
霞堤《かすみてい》と洗い堤　32
信玄堤と治水思想の変化　34

二　用水路の知恵と、協力し合う村々……37

日本の用水路の特徴　37
村同士の結びつき――組合村　42
どういう目的で「組合村」は生まれるか①――資源の利用や災害などへの対処　42
どういう目的で「組合村」は生まれるか②――領主や地域外の人々への対応　44
どういう目的で「組合村」は生まれるか③――労働者の賃金の抑制と地域秩序の維持　46
山野の草木は田の重要な肥料　48

三

用水組合の実態と水をめぐる争い……50
用水に関わる諸経費を村々はどのように負担したか？　51
用水路の水は村々にどう分配されたか？　52
用水組合内の村々の力関係　54
用水争いが起こる7つのパターン　56
戦国大名たちは水争いにどう対処したか？　60
江戸幕府の水争いに対する基本方針　62
用水の管理権が領主から村人たちの手へ　64
用水と宗教の結びつき　66

四　村々は「川」をいかに活用したか？……68

用水によって村がひとつにまとまる　68
江戸時代の灌漑の特徴「田越し灌漑」と、「分散錯圃《さくほ》制」　71
用水路もそこを流れる水も「村の水」　73
水田は漁業の場でもあった　76
新田開発を拒否し、沼と生きる百姓たち　76
用水路の水を使って水車屋を営業　78
川や用水路の漁業権をめぐる争い　81
木材の交通路としての川　83

第二部

ケーススタディ

河内国での水資源戦争300年を追う

江戸初期から明治まで

対象地域の紹介　88

第一章 江戸前期（17世紀）の水争い

近世の用水秩序の成立

溜池の水資源をめぐる争い……96
文書によって水利秩序を確認
——慶長15年（1610）の最古の文書、軽墓村—野中村　96
「検地があっても水利秩序は変更しない」との取り決め
——元和4年（1618）、野中村—藤井寺村　99
従来の水利秩序の維持こそが「善」
——元和7年（1621）、野中村vs軽墓村　100
村同士による水利秩序の詳しい取り決め
——寛永8年（1631）、野中村—藤井寺村　102
江戸初期の水争いの「証拠文書」に従った判決下る
——延宝5～6年（1677～78）、野中村vs軽墓村　105

二

川の水資源をめぐる争い……106

王水井路《おうずいいじ》から取水する「王水樋《ひ》組合」のはじまり　106
王水樋組合に関する最古の文書
――寛永4年(1627)、寛永9年、古室村vs誉田八幡宮　110
用水に関して「属人主義」の古室村、「属地主義」の他の村々　112
王水樋組合、組合外の村と対立する――寛永6年(1629)　114
上流の古室村、自村への流水量を勝手に増やす
――承応3年(1654)、古室村vs小山村　116
「村々は先例を順守すべし」
――寛文9年(1669)、王水樋組合の最初の申し合わせ文書　118
誉田八幡宮、組合村々が無断で川幅を拡げたと訴える
――寛文12年(1672)　120
組合7か村、水門を勝手に解放した最上流の誉田村を訴える
――貞享3年(1686)　123
17世紀、一般百姓も村の運営の担い手となる　125

第二章

江戸中期（18世紀）の水争い

王水樋組合村々の団結と対立

一　大和川の付け替えがもたらしたもの……130

百姓が幕府に提案した大和川の付け替え工事　130

大和川付け替えの光と影　134

大和川の付け替えがもたらした大洪水　136

二　争いつつ結び合う村々……137

村々の訴えは、内容によって異なる奉行所に持ち込まれた　137

用水優先の王水樋組合と、治水優先の他村の争い

——宝暦2年（1752）、宝暦4年　140

用水路の付け替えを望む岡村を、丹北小山村が訴える

——明和6年（1769）　144

碓井村の庄兵衛、王水樋の上流に私的に水路を新設する
——明和5年（1768） 148
小山村を除く7か村、庄兵衛に水路を埋めるよう願い出る
——安永9年（1780） 150
個人の利益より、組合村々の利益を優先する王水樋組合 152

三 江戸時代の水争いの特質……155

江戸時代の用水争いの4つの特質 155
用水争いが解決に至るまでの3つのプロセス 157
和解による解決を望む幕府 159

四 用水組合の「隠れ構成員」と、訴訟費用の問題……161

組合の部外者である津堂村が、水の番について口を出す
——安永6年（1777） 161

用水組合の隠れ構成員・津堂村の台頭　163
利水優先の組合vs治水優先の他村、ふたたび
——天明元～4年（1781～84）　165
訴訟費用は、原告・被告でどういう割合で負担したか？　166

第三章

江戸後期（19世紀）の水争い

水利慣行の継承と変容

150年前の水利慣行を再確認する
——文政2～3年（1819～20）、道明寺村vs組合7か村　170
誉田村、水掛かり高以上の水を取水する
——文政6年（1823）、誉田村vs組合7か村　172
碓井村、王水井路の水を横領する
——文政6～9年（1823～26）、碓井村vs組合8か村　174
上流の誉田村の勝手な取水を、組合の他の村々が非難
——嘉永・安政年間　179

第四章 用水組合の村の中に入ってみる

村の社会構造をさぐる

一 岡村とはどのような村か……184

村絵図にみる岡村 184

岡村の村人の7割以上が農業に携わる 187

綿花と菜種が岡村の特産品 189

商工業が発展し都市化しつつも、農業が基幹 191

二 岡村の庄屋・岡田家の役割……193

庄屋の役割とは 193

岡田家の小作地経営 195

金融家として利益を追求し、かつ地域に貢献する 198

三 村を越えた地域の結びつき……200

さまざまな目的で結び合う村々 200
大小さまざまな組合村が重層的に存在した 202
1000か村を超える村々による「国訴」 204
1つの村が複数の組合村に所属 206
街道の交通量の増加がまねいた組合村同士の対立
——慶応2年(1866) 207

四 最上流の誉田村の内部をみる……209

綿作など街道沿いならではの諸生業が成立 209
稲と綿をどの耕地に作付けするかは、村全体で決める 212

第五章

水から見た明治維新

近代がもたらしたもの

本章で述べること 218

一 天皇陵の溜池をめぐる争い、始まる……219

岡村、天皇陵の濠からの取水の妨げになると、野々上村・野中村を訴える
——明治15年（1882） 219

岡村の主張「旧来からの慣行を守る者は正しい」——攻防第2ラウンド 224

幕末に「発見」された天皇陵 227

農業生産にとって重要な場だった江戸時代の古墳と、「文久の修陵」 229

応神天皇陵の溜池からの取水を許された王水樋組合村々 232

二 欧米直輸入の「所有権」という論理……234

「被告は水源の所有者だから、何をしても自由である」
——野々上村・野中村の反撃　234
旧来の慣行に依拠する岡村と、フランス民法典に依拠する被告側　237
被告側の戦術転換　240
いよいよ判決下る　243
所有権絶対の論理は採用されなかったが…　245

三　明治時代に水利をめぐって起こった変化

明治時代に水利をめぐって起こった変化……247
地租改正による「地盤所有権」の確定　247
村内の対立で「投票」が採用　248
水利問題に参画できるのは土地所有者のみ　250

まとめ

まとめ……253
第一～三章のまとめ 253
第五章のまとめ 257

おわりに 260
文庫版あとがき 264
参考文献一覧 268

第一部

水とともに生きる百姓たち

江戸時代の治水・用水の知恵から、水争いの実態まで

一　田を洪水から守る知恵

●日本の水田の特徴

日本の水田の多くは、稲作の時期には人工の灌漑《かんがい》施設（用水路）を用いて水を入れ、稲作が終わると排水路から水を抜いて、裏作に麦などを作ることができます。水稲作《すいとうさく》と畑作が緊密に結びついているところに、日本農業の特徴があるのです。二毛作地帯では、水田自体が、冬季には畑として利用されていたのです。田は、畑でもありました。

日本列島はけっして広大ではありませんが、気候・地形が変化に富んでいるため、多様な農作物が栽培されてきました。稲以外の畑作物の多様性も忘れてはなりません。

また、稲は、連作が可能です。しかし、これは当たり前のことではなく、灌漑・排水のコントロールと、肥料の投入があってはじめて可能となったことでした。そして、絶えず田に新しい水を入れることによって、水に含まれる栄養分が補給されますから、それも連作を可能にした条件になりました。日本の水田は、きわめてすぐれた人工的施設なのです。

そして、灌漑と排水のための水利施設は村の共有物でした。個々の百姓の私有物ではなかったのです。そこに、江戸時代の百姓たちが村なくしては生きられない根本的な理由がありました（玉城哲・旗手勲『風土』、以下『風土』と略称）。

●広大な田園風景は江戸時代につくられた

日本は、夏季の高温と、梅雨と台風というまとまった降雨があり、稲作には適した気象条件にあります。しかし、だからといって、種子さえまけば、放っておいても自然に稲がよく実るわけではありません。日本のなかで、自然条件のままで水稲を栽培できる地域はごく少ないのです。水田稲作には、水田を洪水から守る治水工事と、水田に安定的に水を供給する用水施設が不可欠でした。

日本の河川の特徴は、水源地から河口までの距離が比較的短く、流れが急だということです。明治時代前期に、政府に招聘《しょうへい》されて来日したオランダ人技術者ファン・ドールンは、北陸の諸河川を視察して、「これは川ではない、滝だ」といったといわれます。

急勾配《こうばい》で短い河川が多いということは、一時に大量の雨が降ると、すぐ洪水になるということです。同時に、渇水《かっすい》になりやすいという特徴もありました。水が、すぐ海に流れ出てしまうからです。

大洪水のたびに、河川はその流路を変えていきます。また、大量の土砂を押し流します。日本列島各地の沖積平野《ちゅうせき》（河川の堆積《たいせき》作用によってできた平野）は、こうした河川の作用によってつくられたものです。広くて平らな沖積平野は耕地にするには最適でしたが、そこではまた川の氾濫も頻発しました。

そこで、大河川の下流部に開けた沖積平野を開発し水田化するためには、流路を一定に保つための治水工事が不可欠になるのです。日本の川は急勾配だとはいっても、川が山間から平野部に出ると、流れは比較的緩《ゆる》やかになります。ですから、ある程度の技術力があれば、流路を安定させることができたのです。

しかし、中世（鎌倉・室町時代）までは、各地に中小規模の権力が分立し、大規模な治水工事を実施できるだけの強大な権力が存在しませんでしたから、沖積平野の開発はあまり進みませんでした。技術力水準も、まだそれほど高くなかったのです。

それが、戦国時代から江戸時代前期（17世紀）には、戦国大名や江戸幕府という、広域にわたる強大な権力が出現しました。また、築城や鉱山開発の技術を転用することによって、治水技術も発達していきました。軍事技術の平和利用という側面があったのです。

こうした背景のもとに、戦国大名や江戸幕府、各地の大名らによって、大規模な治水工事が実施されました。とりわけ東日本の広い沖積平野（関東平野・越後平野など）

に大量の新田が開発されたため、全国の米の生産量は大幅に増加しました。今日われわれが目にする、広大な平野に見渡す限り稲穂が揺れる農村風景は、江戸時代にその基礎がつくられたのです。

●家康による利根川の付け替え工事

大規模な治水工事の具体例をあげましょう。

徳川家康が1590年（天正《てんしょう》18）に江戸に入ってのち、数十年の歳月をかけて、利根川《とねがわ》の付け替え工事が行なわれました。それまで江戸湾（東京湾）に流れ込んでいた利根川の本流を、途中の下総国《しもうさ》（現千葉県）関宿《せきやど》において東に付け替えて、銚子《ちょうし》で太平洋に注ぐようにしたのです。

この工事によって、江戸周辺の洪水の危険が減少するとともに、関東平野に広大な水田が開発されました。全国的にみても、戦国時代から江戸時代前期にかけて各地で行なわれた大土木工事によって大河川の流路が安定し、その流域の新田開発が可能になった例はたくさんあります。沖積平野の本格的な水田開発、なかでも今日重要な稲作地帯を多く有する東日本における開発は、戦国時代から江戸時代前期にかけて大きく進展したのです。

また、江戸時代の河川は、交通の動脈としての役割を果たしていました。利根川の流路変更は、東北や関東各地と江戸を水運で結びつけるうえでも重要な意義をもっていました。

こうした沖積平野における新田開発は、人々に大きな恵みをもたらしましたが、それは常に洪水の危険と隣り合わせでした。人々は、それを承知のうえで、豊かな恵みを得ることを選択したともいえるでしょう。江戸時代の百姓たちにとっては、初めからゼロリスクということはありえず、時には暴威をふるう川とどう折り合いをつけて暮らしていくかが課題なのでした。自然が人に恵みだけをもたらすということはありえず、人が自然を100パーセント征服できるものでもありませんでした。百姓たちは、そのことをよくわかっていたのです（前掲『風土』、大熊孝『技術にも自治がある』、以下『技術』と略称）。

●霞堤《かすみてい》と洗い堤

洪水を防ぐには、河岸に堤防を築く必要があります。堤防築造技術が、治水の鍵を握っていたといっていいでしょう。戦国時代から江戸時代前期にかけての代表的な治水工法に霞堤《かすみてい》や洗い堤と呼ばれるものがありました。

霞堤は、不連続の堤防を、一部が重なるようにしていくつも並べて造るもので、堤防と堤防の間には開口部があります。増水時には、水はこの開口部から緩やかにあふれ出ます。そのため、堤防に沿った一部の土地は冠水《かんすい》しますが、大規模な洪水被害は防げます。冠水しても大過《たいか》ない土地だけを、冠水させるのです。そこには、人家などは作りませんでした。

これは増水を100パーセント遮断《しゃだん》するのではなく、意図的に一部をあふれさせることで水の勢いをそぎ、被害をあらかじめ想定された範囲内にとどめる工夫です。自然を押さえつけるのではなく、巧みに折り合いをつける技術だといえるでしょう。さらに、川に近い堤防からあふれた水を、後ろ側の堤防で防いで、水を開口部から再び川に還流させる効果にも大きいものがありました。

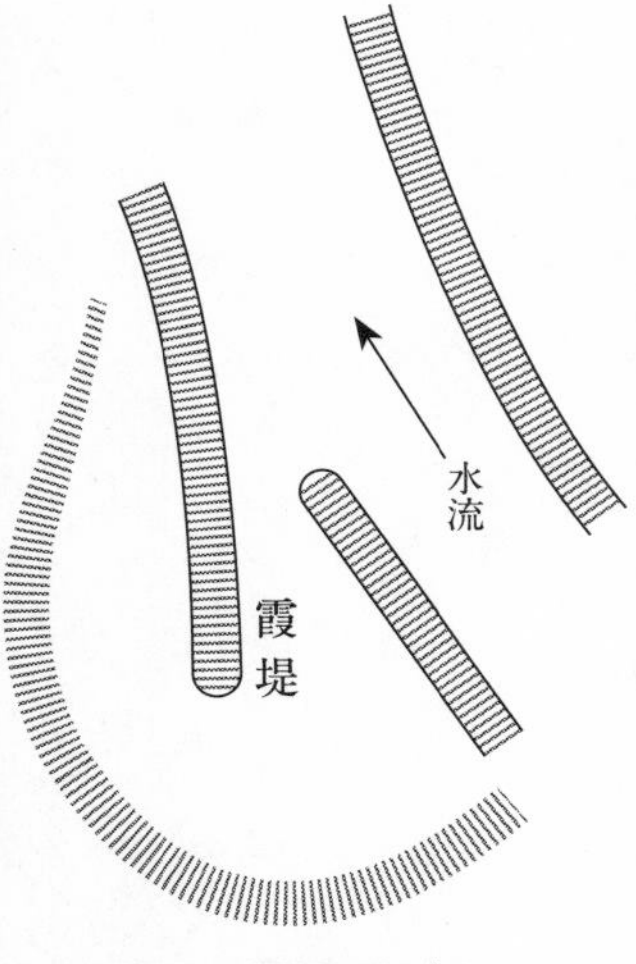

図1　霞堤のしくみ

※大熊孝『技術にも自治がある』所収の図をもとに作成

また、洗い堤は、堤防の高さをわざと一定限度に抑えるものです。そのため、小規模な増水は完全に食い止めることができますが、大規模な増水は堤防を越えてあふれ出ます。このとき、霞堤の場合と同様、堤の周囲に一定の被害は生じますが、堤防の決壊による大惨事《さんじ》は免《まぬが》れることができます。これも、自然の力の大きさを認めて、それを受け流す知恵のひとつです。

そして、あらかじめ人家のない所に氾濫させるように計画したり、土盛りをしてその上に家を建てたり、避難用の船を準備したりして、被害の軽減を図ったのです。

●信玄堤と治水思想の変化

山梨県の釜無川《かまなしがわ》と御勅使川《みだいがわ》の合流点の左岸に、戦国時代の名将武田信玄の名を冠した信玄堤《しんげんづつみ》という堤防があります。この信玄堤を含めて、ここで実施された治水工法は、前近代の治水理念をよく表しています。旧御勅使川は、合流点で釜無川に直角にぶつかっており、そのため増水時には釜無川の左岸堤防が決壊して、甲府盆地に深刻な被害をもたらしていました。

そこで、まず図2のように、旧御勅使川の流れを2つに分けました。そして、上流側の新河道を流れる水を釜無川との合流点で左岸の高台（竜王高岩《りゅうおうたかいわ》）にぶつけます。そこで反転させた流れを下流側の元の合流点に向かわせ、旧河道を流れてきた水にぶつけるのです。そうすることで水の勢いを相殺《そうさい》し、破堤《はてい》の危険を減らしたのです。さ

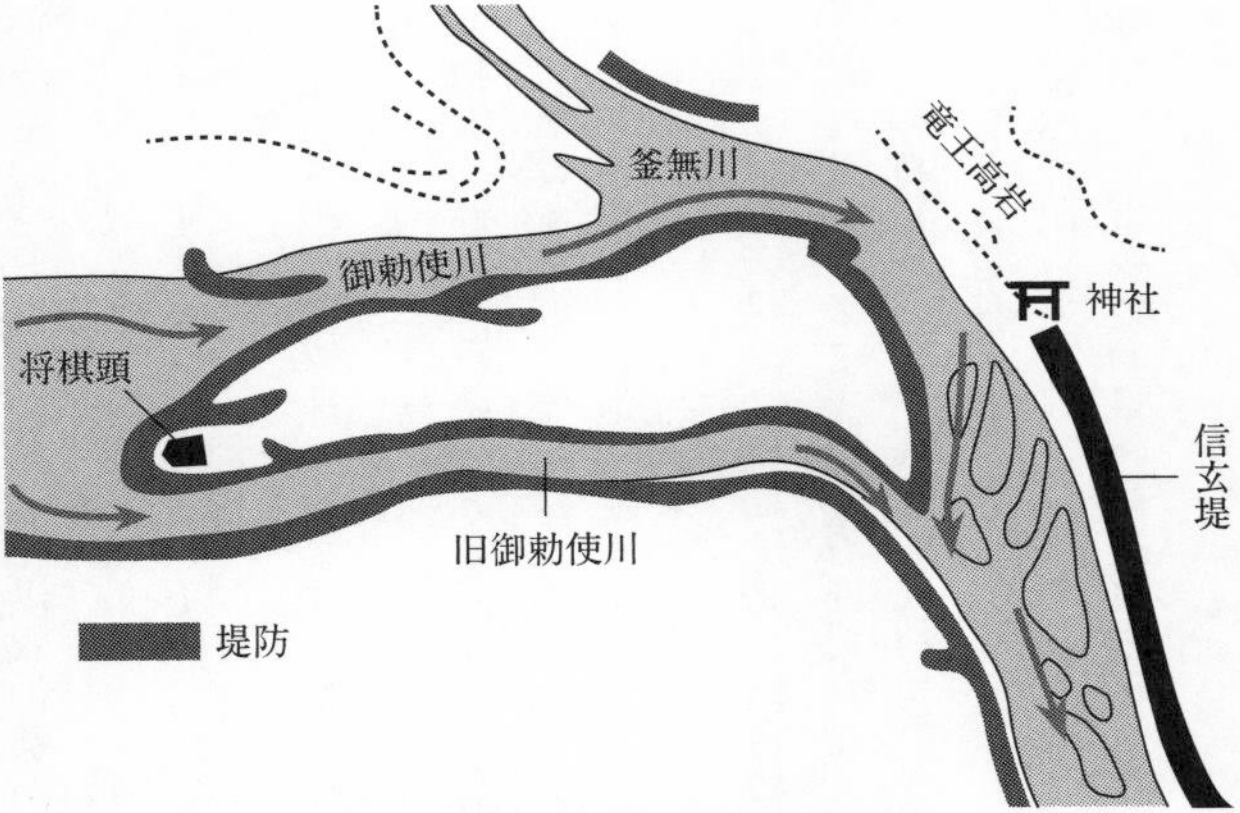

図2　釜無川の治水のしくみ

※大熊孝『技術にも自治がある』所収の図をもとに作成

らに、信玄が築いたとされたため信玄堤と呼ばれる堤防や、御勅使川の分岐点に設けた将棋頭《しょうぎがしら》という石組みによって、備えを万全にしています。

ここにみられる治水思想は「水をもって水を制す」というものです。水を人工の構築物で抑え込むのではなく、水の力をうまく利用するのであり、人工物はそれを補完するという考え方です。自然に逆らわず、自然をなだめる発想といってもいいでしょう（前掲『技術』）。

戦国時代から17世紀にかけての甲斐《かい》国（現山梨県）における治水は、広くとった河川敷に洪水をあふれさせ、さらに霞堤と堤防の前後に植えた竹林で水勢を弱めて、決定的な被害を防ぐというものでした。竹林は、洪水の勢いをそいでくれたのです。

ところが、17世紀を通じて、河川敷に耕地が開発されてくると、河川敷自体を洪水から守る必要が生じてきました。そのため、18世紀前半には治水構想の転換が起こりました。

江戸時代中期以後の治水は、強固な連続堤防を築いて洪水の氾濫を防ぎ、河道を一定に保つことに重点を置くようになったのです。大規模な連続堤防によって、狭めた河川敷の範囲内に洪水を封じ込めようというものです。以前よりも川に近い所に連続した堤防を造ることで、従来は水があふれていた河川敷まで水が来ないようにして、そこを安定した耕地に変えようとしたわけです。自然を押さえつける治水への転換の第一歩だといえるでしょう。

こうした変化によって従来の治水技術はその意義を低下させましたが、江戸時代を通じて失われることはありませんでした。自然と折り合いをつける治水も、その生命力を維持し続けたのです（関口博巨「近世甲斐の力者と治水・開発」根岸茂夫ほか編『近世の環境と開発』所収）。

治水に限らず、江戸時代をみる場合には、近代以降とは異なる固有性と、近代に向けて徐々に変わっていく側面とを、併《あわ》せてみていくことが重要です。

二　用水路の知恵と、協力し合う村々

●日本の用水路の特徴

ここまで治水について述べてきましたが、前述のように治水と灌漑が車の両輪となって水田稲作を発展させてきたわけですから、次は灌漑についてみていきましょう。

明治40年（1907）の全国統計によれば、灌漑用水源のなかでは、河川が65・3パーセントを占めて第1位、溜池《ためいけ》が20・9パーセントで第2位でした。ただし、地域的な特徴があり、河川灌漑は東日本に多く、埼玉県では82・0パーセント、新潟県では74・6パーセント、岩手県では73・6パーセントを占めていました。

一方、溜池は瀬戸内海沿岸の四国・中国地方や大阪府・奈良県などに多く、香川県では用水源の67・3パーセント、奈良県では56・7パーセント、大阪府では46・5パーセントが溜池でした。

なお、その他の用水源としては、泉5・4パーセント、井戸1・3パーセント、湖《こ》沼《しょう》1・0パーセントなどとなっています（喜多村俊夫『日本灌漑水利慣行の史的研究　総論篇』、以下『灌漑』と略称）。

河川灌漑について、もう少し説明しましょう。日本の沖積平野は、海に向かってそれなりの傾斜があります。ですから、川が山間から平野部に出る扇状地《せんじょうち》部分に用水路の取水口《しゅすいこう》を設ければ、あとは重力に従って水は下手《しもて》に流れていきます。こうした重力を利用した灌漑方法を、重力灌漑方式または自然流下《りゅうか》方式といいます。

重力灌漑方式の特徴は、堰《せき》（取水や流量調節の目的で、いったん水の流れを堰《せ》き止めるために、川中に設けた構造物）や用水路の建設には大量の労働力を必要としますが、いったんそれらができてしまえば、あとは重力の作用に従って比較的容易に水が得られるということです。最初に用水路を建設するときは大変ですが、いったん用水路ができれば、あとは人力を加えなくても、水が自然に流れてくれるのです。一番大変なのは、初期投資のときだということです。

これは、農業用水施設を設けるにあたっては、たいへん有利な条件となりました（人力で絶えず水を汲《く》み上げなければ、農業用水が得られない場合と比べてみてください）。とはいえ、毎年水利施設の保守のために投下される労働はけっして無視しえない量ではありましたが、大局的にみればこのようにいえると思います。

江戸時代には、数百町から数千町、ときには1万町を超える灌漑面積をもつ長大な用水路が建設されました。中世までの用水路と比べて、格段に大規模なものになったのです。18世紀前半に、武蔵国《むさし》（現埼玉県・東京都）東部に造られた見沼代《みぬまだい》用水路は、

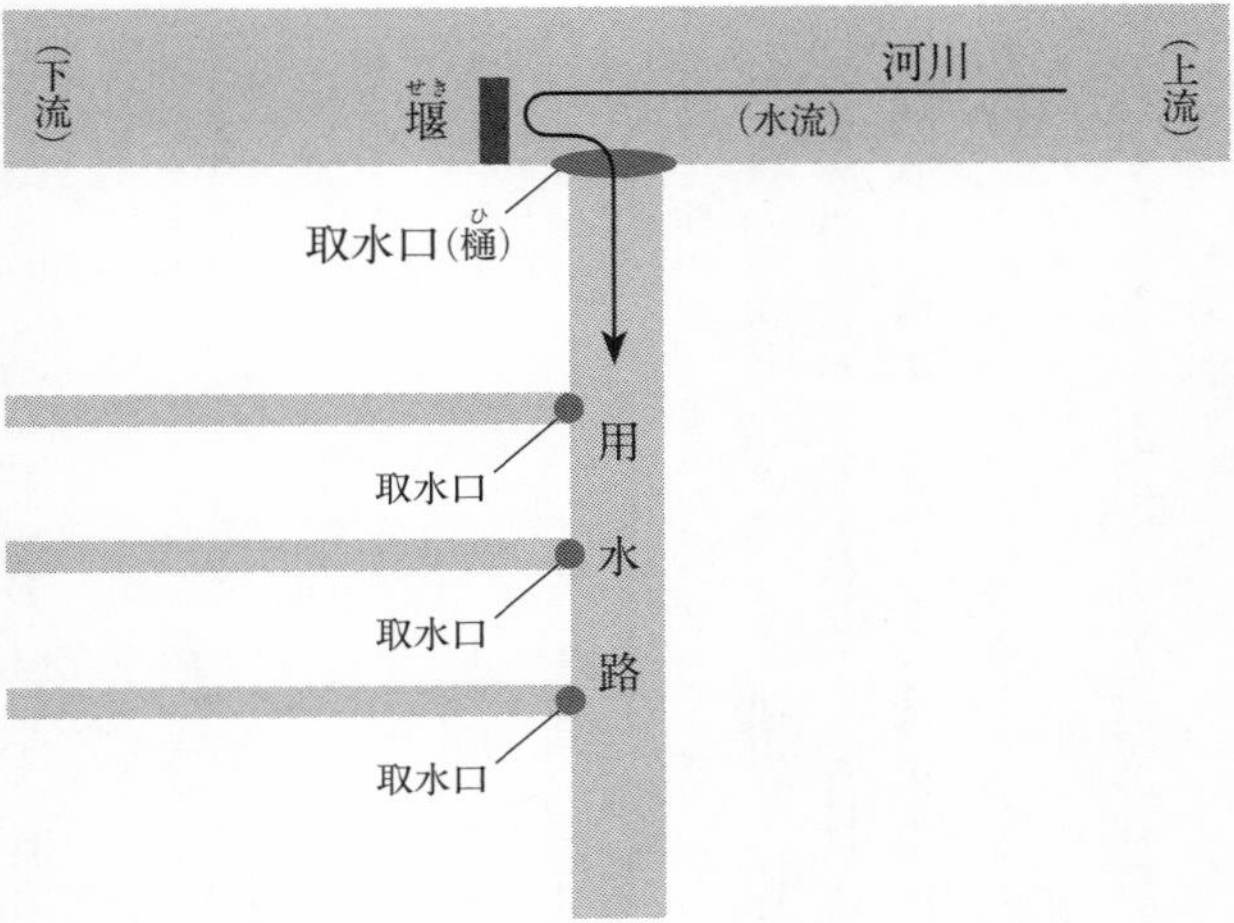

図3　用水路への取水のイメージ

２万３０００町におよぶ水田を灌漑していました（玉城哲『むら社会と現代』）。

　河川から水田まで水を引くための人口の水路が、用水路です。用水路もできてから年月が経つと、自然の川と区別がつきにくくなるため、「川」と呼ばれることもあります。河川から用水路に水を引き入れる分岐点が取水口です。しかし、ただ取水口を設けても、水はスムーズに用水路に流れ込んでくれません。そこで、河川の取水口より少し下流の地点に堰を設けます。この堰によって川の流れを堰き止め弱めるのです。そうして、勢いが弱まった水を、取水口から用水路に導いたのです。　取水口には、開閉可能な水門（樋）が設置されることもありました。

また、水田耕作には、排水路も必要です。二毛作を行なう田では、冬季に水を抜いてそこを畑にするからです。用水路から水を入れ、排水路から水を抜き、田の水量を自在に調節することが大事だったのです。

ただし、用水路と排水路は、常に明確に分かれていたとは限りません。上手の村の排水を、下手の村が用水として利用することもありました。この場合には、同じ水路が、上手の村にとっては排水路、下手の村にとっては用水路となっていたのです。江戸時代の場合、排水といっても別に汚れた水というわけではなく、単に不要な水という意味ですので、それを必要とする村にとっては貴重な用水となったのです。

用水路の形状としては、まず河川から幹線用水路が分かれ、そこからさらにいくつかの支線用水路が枝分かれして、各村に流れ込むのが一般的でした（図4）。用水路は樹枝状《じゅし》に末広がりになっており、複数の村々が幹線用水路からの水を共同利用していたのです。ですから、上流の村が必要以上に取水すると、下流の村々が用水不足になる恐れがありました。そこで、用水系をともにする村々が連合して用水組合（水利組合）をつくり、水の引き方や水路の維持・管理方法などを取り決めて、円滑な用水利用を図ったのです。

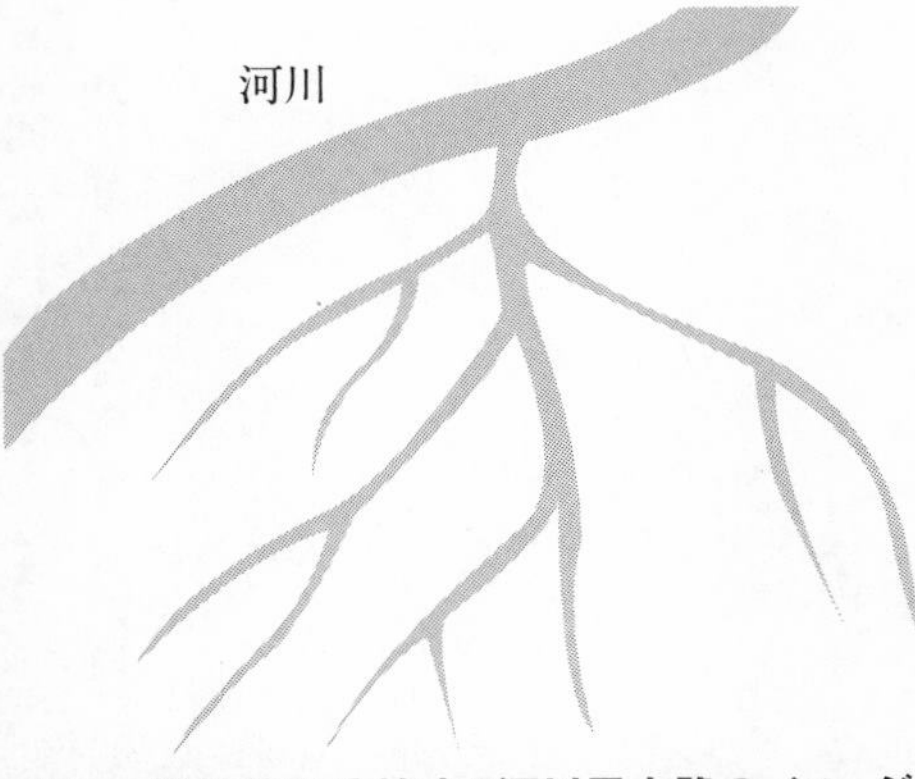

図4　樹枝状に分岐する河川用水路のイメージ

※玉城哲・旗手勲『風土』より

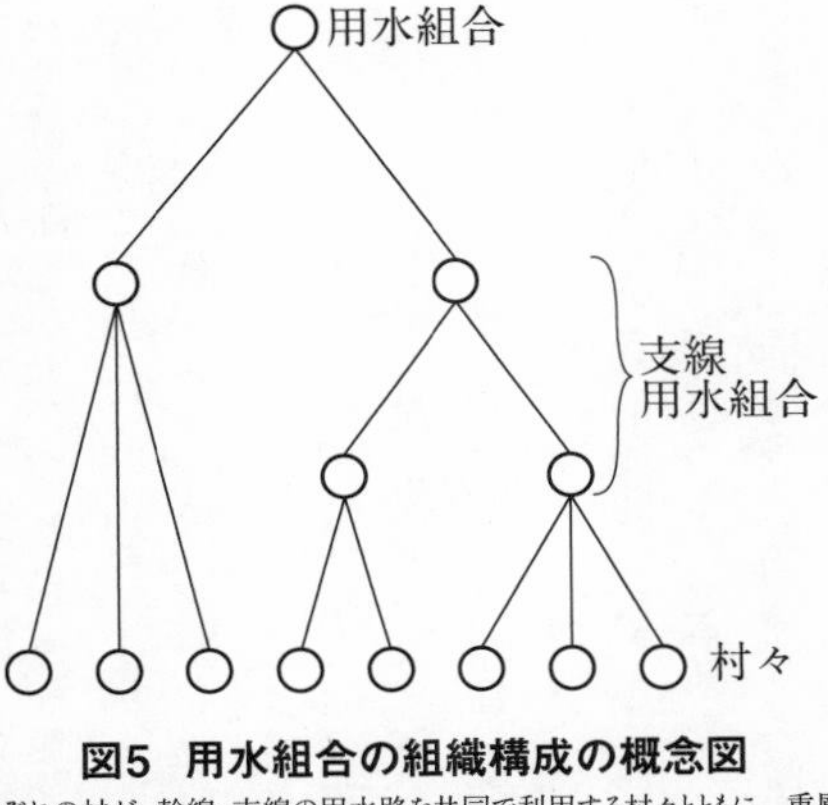

図5　用水組合の組織構成の概念図

それぞれの村が、幹線・支線の用水路を共同で利用する村々とともに、重層的に用水組合をつくっている　※玉城哲・旗手勲『風土』より

重力灌漑方式の特徴は、広域にわたる村々を1つのシステムの中に統合していくところにありました。百姓たちは、村を通じて、さらに広域の水利システムに組み込まれることによって、はじめて円滑に農業生産を行なうことができたのです。

●村同士の結びつき——組合村

用水組合だけでなく、江戸時代には、村々は多様な契機で結びついていました。村は、けっして孤立した小宇宙ではなかったのです。そこで、ここでちょっと回り道をして、用水組合だけでなく、江戸時代における村々の多様な結びつきに視野を拡げてみましょう。

江戸時代には、村を越えた地域的結合が多様なかたちで生まれ、そうした結合が村人たちの生活にとって重要な意味をもつようになっていきました。人々の取り結ぶ社会関係が村の枠を超えて拡がり、村の機能を地域的結合が補い、さらに新たな機能をもつ地域的結合が生み出されていったのです。

江戸時代の地域的結合は、村々の連合、すなわち組合村《くみあいむら》として展開したところに特徴がありました。個人ではなく村が、地域的結合の基礎単位となったのです。もちろん、村を単位としない社会関係も多様に存在しましたが（家同士の親戚関係や金融関係など）、村を単位とする組合村が重要な役割を果たした点に注目する必要があります。

●どういう目的で「組合村」は生まれるか①——資源の利用や災害などへの対処

組合村が生まれる契機としては、おおよそ次の5点があげられます。

①自然的諸条件への対応

②領主的・国家的負担への対応
③地域外の人々への対応
④地域内の人々への対応
⑤地域秩序の維持

①を契機とする組合村には、用水や入会地《いりあいち》（1村または複数村の共有林野）の利用・管理などの生産諸条件に関するものや、自然災害に対処するためのものなどがあります。本書で扱う用水組合は、ここに含まれます。

江戸時代の農業生産には、水と、肥料源としての山野が不可欠でした。前述したように、用水は、河川から幹線用水路が分かれ、そこからさらにいくつかの支線用水路が枝分かれして、各村に流れ込むのが一般的でした。そこで、用水系統を同じくする村々が連合して用水組合をつくり、円滑な用水利用を図ったのです。

治水の場合も同じです。たとえば、河岸に堤防を築くとき、一方の岸にだけ高い堤防を築くと、その堤防に守られた村々は安心ですが、逆に川の対岸の村々が水害に遭いやすくなってしまいます。そこで、両岸の関係村々が治水のための組合村をつくり、相談しながら治水工事を行なう必要がありました。

また、山野は入会地として共同利用されることが多く、しかも1村だけでなく、複数の村々で共同利用する「村々入会」も広くみられました。村々入会の場合には、同じ山野を利用する村々が入会組合をつくり、山野の利用期間、採取する草木の量、草木を採取するのに用いてよい道具の種類などについて取り決めを行ない、村々の間でトラブルが起こらないようにしました。

このように、農業生産条件を良好に維持するためには、村々が組合村をつくって協議・協力する必要があったのです。

さらに、凶作・飢饉《ききん》は、村人たちにとって大きな脅威でした。大飢饉のときなどは1村全体が飢えに苦しむこともあり、村単独の救済活動には限界がありました。領主の救援は必ずしも十分ではありませんでしたから、村々では組合をつくって、平時から共同で穀物を蓄えたりして、もしもの場合に備えたのです。

●どういう目的で「組合村」は生まれるか②——領主や地域外の人々への対応

②から⑤の契機についても、簡単にふれておきましょう。

②領主的・国家的負担への対応を契機とする組合村としては、幕府が全国政権として、大名・旗本など個々の領主の支配領域を超えて村々に労働力や金銭の負担を求め、それに対応するためにつくられた組合村があげられます。こうした負担の例としては、鷹場役《たかばやく》（将軍の鷹狩《たかがり》実施にともなう諸負担）・助郷役《すけごうやく》（街道の宿場《しゅくば》の業務を補助するための人馬の提供）などがありました。

また、大名など個々の領主も、領内の複数の村々に土木工事などの共通の負担を課し、それを効率的に遂行するために組合村がつくられました。

③地域外の人々への対応としては、宗教者・芸能者・乞食《こじき》・無宿《むしゅく》・博徒《ばくと》などへの対応や、都市の特権商人への対応などがありました。

村には、村外からさまざまな人々が訪れました。時代が下るにつれて、その数は増えていきました。訪れたのは、御札《おふだ》配りや祈禱《きとう》などの宗教行為を行なう宗教者、百姓家の門口《かどぐち》でさまざまな芸を披露する芸能者、村人に施しを求める乞食など、多様な人々です。また、江戸時代後期には、没落した百姓のなかから無宿・博徒となって村々を渡り歩く者が増加しました。

彼らは、いずれも村人たちからいくらかの金銭を得ることを目的としており、なかには要求額が高すぎたり、出金を強要したりする場合もあり、そのために村人との間でトラブルになることもありました。

そのため、村々が共同で、彼らに対処することにしたのです。こうした場合、1村だけで対処するよりも、村々が共同歩調をとったほうが効果的でした。そこで、村々が宗教者や芸能者と交渉して、村々から彼らに毎年一定の金額を支払うかわりに、彼らは百姓家を個別訪問しないという契約を結んだのです。そうすることによって、村人たちは農作業などで忙しい時期にいちいち彼らに対応する煩雑《はんざつ》さを免れようとしたのです。

無宿や博徒は、ときには暴力による威嚇《いかく》を用いて金銭を強要することがあったため、村々が協力して彼らを捕縛《ほばく》し幕府・領主に引き渡すことがありました。村々による自治的な治安維持活動です。江戸時代の村には武士はほとんどおらず、交番のような施設もありませんでしたから、百姓たちは自身で治安を守ったのです。

宗教者や芸能者との契約でも、無宿・博徒の捕縛でも、いずれも村々が連合し協力することによって有効な対処が可能になったのです。

また、都市の特権商人が価格協定を結んで、村人たちが作る農産物を独占的に安く買いたたこうとすることがありました。そのときは、村々の側でも連合して、それに対抗したのです。代表的な事例としては、現在の大阪府に属する村々が、大坂商人の綿や菜種の独占的購入に反対し、自由な販売を要求して起こした集団訴訟である国訴《こくそ》があげられます。幕府に要求を認めさせるには数の力が重要でしたから、村々では多数派の結集に努め、ときには1000か村以上もの村々が国訴に参加しました。今日に比べて情報伝達や通信手段が未発達だった江戸時代において、これだけ多くの村々が共同歩調をとったというのは驚くべきことです。

●どういう目的で「組合村」は生まれるか③——労働者の賃金の抑制と地域秩序の維持

④地域内の人々への対応の例としては、職人の賃金・奉公人給金・日雇い賃金の抑制があげられます。①から③までの契機が、多かれ少なかれ地域住民全体の共通利害に関わる問題だったのに対して、これは地域内の特定階層の利害を反映したものでした。

組合村運営の中心にいたのは、各村の村役人や有力百姓たちです。彼らは、職人・奉公人・日雇いを雇用する側でしたから、できるだけ安い給金・賃金で雇用しようとしました。

一方、職人は、村に住む一般百姓が農業のかたわら営むことが多く、奉公人になったり日雇いに出たりするのも、一般百姓の戸主や家族たちでした。こちらはもちろん、高い給金・賃金を望んでいました。このように、地域内部の階層間で利害の対立があったのです。現在の労働者と使用者の対立とも通じるところがありました。

このとき、組合村の運営を主導した村役人・有力百姓層は、組合村の取り決めによって、給金・賃金の抑制を行ないました。賃金の抑制は、1村だけで取り決めても効果はありません。近くにもっと高賃金で働けるところがあれば、労働力はそちらに逃げてしまうからです。そこで、村役人・有力百姓層は、村々で共同歩調をとることによって、自らに好都合な賃金水準を実現しようとしたのです。

現代においても、地域社会の内部には多様な利害関係が存在し、そのなかには互いに相反するものもあります。その点は、江戸時代も同じでした。そうしたときに、組合村は一方の利益を守り、他方の利益を抑制する機能を果たすことがあったのです。

⑤地域秩序の維持には、①から④に分類しにくい、地域の共同利害に関する諸契機が含まれます。たとえば、祭祀《さいし》をめぐる共同があります。地域によっては、複数の村々にまたがって氏子《うじこ》をもつ有力な神社がありました。そうしたところでは、氏子のいる村々が組合をつくり、協力して祭礼を実施したりしたのです。

以上、①から⑤までに分けて述べましたが、この分類はあくまで便宜的なものです。江戸時代における地域的結合の契機は、これに尽きるものではありません。むしろ、時と場所に応じて、さまざまな契機によって、多様な地域的結合がみられたことこそ、江戸時代の特徴だといえるでしょう。

●山野の草木は田の重要な肥料

組合村ができる契機の①のところで、山野についてふれました。ここで、山野についてもう少し述べておきましょう。

山野は、百姓の暮らしに不可欠でした。肥料の供給源、薪《まき》や炭など燃料の採取地、家屋の建築資材や道・橋などの修復材料の調達地、木の実・山菜などの食料や牛馬の飼料となる秣《まぐさ》の採取地など、その利用価値はたいへん大きなものでした。

なかでも不可欠だったのが、肥料の供給源としての価値でしょう。江戸時代には購入肥料（金肥《きんぴ》）の利用も進みましたが、同時に自給肥料が重要な役割を果たしていました。自給肥料には、山野で草や木の枝を刈ってきて、それを青いまま田に踏み込んだもの（刈敷《かりしき》）、発酵させたもの（堆肥《たいひ》）、焼いて灰にしたもの（草木灰《そうもくばい》）、厩《うまや》の床に敷き牛馬に踏ませて糞《ふん》と混ぜたもの（厩肥《きゅうひ》）、などが用いられました。いずれにしても、原料は山野の草や木の枝葉だったのです。

これらの必要から、村の領域内には宅地・耕地とともに、山野があるのが一般的でした。山野には個々の百姓が独占的に利用する場所もありましたが（百姓持山《もちやま》）、その多くは1村もしくは複数の村々の共有地、すなわち入会地でした。村人たちは、村や組合村で定めたルール（たとえば利用期間、採取してよい草木の量、使用してよい道具などの定め）に従って入会地を利用していたのです。こうしたルールは、一見窮屈《きゅうくつ》なものにみえますが、有限な資源を永く利用し続けるためには、一定の規制が不可欠だったのです。

山野と水には、大きな共通点があります。まず、どちらも水田稲作をはじめとする農業にとって不可欠だということです。農業用水としての水と、肥料としての草や木の枝葉、このどちらも農業にはなくてはならぬものでした。

次に、どちらも個々の百姓の私有物ではなく、1村もしくは複数の村々の共有物だったということがあげられます。林野のなかには百姓持山もありましたが、入会地が多くを占めていました。そのため、百姓たちは、村や組合村に結集することなしには、水も山野も十分に利用することはできませんでした。用水と山野が、百姓たちを強固に結びつけていたのです。日本の村が、「水と山の共同体」といわれるゆえんです。

また、水と山野は、互いに深く結びついていました。川の上流の山林が乱伐されると、山林の保水力が低下して、降った雨が一時に川に流れ込みます。また、大量の土砂が川に流入して、川底を高くします。そうすると、洪水が発生しやすくなるのです。ですから、山林の保全は、治水と密接に関連していたのです。

さらに、山で伐った木は、川を使って下流に運ばれます。川は、木材の運搬路として重要だったのです。

このように、山野と水には共通点があるとともに、両者は深く関わりあっていました。そして、両者あいまって、百姓たちの暮らしを支えていたのです。

三　用水組合の実態と水をめぐる争い

●用水に関わる諸経費を村々はどのように負担したか？

ここで、また話を用水に戻しましょう。用水組合の基本的機能は、用水施設の維持・管理と、用水の適切な配分の2つでした。

用水路の維持・修復や用水組合の運営に関わる諸経費は、組合村々が分担して負担しました。村々の負担額を決める際の基準としては、以下のようなものがありました。

①**村割**《むらわり》……これは、村の大小や灌漑面積の広狭に関係なく、組合各村が均等に費用を負担するやり方です。村割は、形式的には平等のようにみえて、実質的には小さい村により重い負担となるので、その点では不平等な方式です。しかし、同等の負担をするということは、反面で同等の権利を主張できるということでもあり、この方式が真に不平等かどうかは、それぞれの用水組合に即して、具体的に調べてみなければわかりません。

②**灌漑面積割**……これは、各村の用水を利用する耕地（通常は水田）の面積に応じて、諸経費を割り当てる方法です。江戸時代には、各村、各耕地の使用水量を正確に計測することは技術的に困難でしたから（江戸時代には、今日の水道メーターのようなものはありませんでした）、この灌漑面積割は当時において可能な範囲で、かなり実質的に公平な費用負担を実現し得る方法だったといえるでしょう。

③石高割《こくだかわり》……これは、各村の用水を利用する耕地の石高に応じて諸経費を割り当てる方法で、②の灌漑面積割に類似した方法です。ただし、同じ石高の耕地でも面積が同じとは限らず（同じ石高の耕地でも、生産力の高い耕地のほうが面積は小さいわけです）、したがって必要な水量にも差がありましたから、石高割が完全に公平な負担方法とはいえません。しかし、江戸時代は石高制の社会でしたから、費用負担の基準に石高が採用されるのは自然なことでした。

さらに、①から③の各方式を適宜組み合わせたりすることもありました（たとえば、諸経費の40パーセントを村割、60パーセントを灌漑面積割で負担するといった具合です。『灌漑』）。

●用水路の水は村々にどう分配されたか？

河川から用水路に取水する地点には、堰を設けます。堰とは、取水や流量調節の目的で、いったん水の流れを堰き止めるために、川中に設けた構造物のことです。今日のダムの簡易版だと思ってください。

堰の構造（水を堰き止める方法や、堰の材料など）は、堰を通過して下流に流れる水量を規定します。下流の村は、上流部の堰を通って流れてくる水をまた堰き止めて利用するわけですから、上流部の堰の構造については常に多大の関心を払っていました。

したがって、堰の構造は、上流と下流の村同士の長年にわたる交渉と抗争の結果、ひとつの慣習・先規として定まったものであることが多かったのです。

ひとつの河川に複数の堰があり、上流と下流のそれぞれの堰から取水する複数の用水組合がある場合には、上流にある堰の構造を工夫することによって、用水組合相互の水配分を調整しました。上流の堰をあまり堅固《けんご》に造ってしまうと、水がそこで完全に堰き止められて下流に行かなくなってしまうので、適当な量が堰を通って下流の堰まで流れるような工夫が求められたのです。そのためには、大きな石で堰を造って石と石の隙間《すきま》から水が流れるようにしたり、堰の一部に水路を開けてそこから水を通したり、堰の高さを制限して堰の上端から必ず下流に一定量の水が流れるようにしたりと、いろいろな方法がとられました。

それでも、渇水時には背に腹は代えられず、上流の堰から取水する村々が堰を補強して水を独占しようとしたり、それに反発した下流の村々が実力で堰を破壊して下流に水を流したりといった具合に、激しい対立が生じることもありました。用水をめぐる争いの原因で多いのは、上流の村が自村に都合のいいように堰の構造を変更し、そのために下流の村が用水不足に陥ることによるものだったのです。

また、用水組合ごとに取水時間を決めて交互に取水したり（番水《ばんすい》）、用水路のなかに構造物を設けて、物理的に水流を分割したり（分水《ぶんすい》）することも、よく行なわれました。用水路のなかに石や木杭を設置して水流を二分したりしたのです。順番に取水するから番水、水を物理的に分けるから分水というわけです。

このように、用水組合においては、村々の水利用に一定の制限があったため、1村だけの都合で田植えの時期を早めたりすることが難しく、それが農業生産力の発展を阻害することもありました。

●用水組合内の村々の力関係

用水組合を構成する村々の関係は必ずしも対等平等ではなく、そこには何らかの格差が存在する場合が多くみられました。共同は、必ずしも平等を意味しなかったのです。

河川灌漑の場合、河川から用水路に水を取り入れる取水口（樋。39、57ページ参照）にもっとも近い所にある村が優越的な地位を占めるケースがよくありました。取水口に近い上流の村は、取水上有利な位置にありますから、それだけ強い発言権をもつのは自然の流れです。用水路の分岐点にある村も、地理的に有利な位置にあったといえます。こうした村は、「井元《いもと》」「井親《いおや》」などと呼ばれました。

近江国《おうみのくに》（現滋賀県）犬上郡《いぬかみ》の犬上川から取水する一ノ井《いちのゆ》という用水路においては、その最上流部にある金屋村《かなや》がさまざまな特権をもっていました。同村は、用水関係の諸経費の負担を免除されているにもかかわらず、他村よりも有利な条件で取水することができたのです。また、用水路の普請《ふしん》（土木工事）の指揮も金屋村が執《と》っていました。さらに、ほかの用水組合との交渉も金屋村が行ない、用水関係の書類も同村が保管していました。

用水路の開設にあたって特別な貢献があった村や、開設に尽力した人物の居住する村が、その後も特権を維持し続けることがありました。また、用水組合村々のなかで経済的に有力な大規模村や、政治的中心となっている村が、用水利用においても有利な地位を占める場合もみられました。

さらに、用水組合に最初から属していた村と、途中から加わった村との格差など、歴史的経緯に基づく格差もありました。こうした格差は、大きな流れとしては解消の方向に向かいましたが、格差が近代以降まで存続したり、新たな格差が生じたりする場合も少なくありませんでした。

溜池灌漑の場合は、河川灌漑ほど組合村々の格差が明瞭ではなく、むしろ平等性が目立ちますが、溜池のある地元の村が何らかの優越的な地位を保持していることもありました。

●用水争いが起こる7つのパターン

江戸時代には、用水をめぐって、各地で争いが繰り返されました。今でも、互いに自己主張して譲らず、延々と言い争うことを「水掛け論」といいますが、これは百姓たちが互いに自分の田に水を引こうとして、一歩も譲らず争ったことからきた言葉です。

また、「我田引水」という言葉もあります。これは、物事を、自分の都合のいいようにいったり、したりすることですが、これも百姓たちが自分の田にだけは水を入れようとする姿勢から起こった言葉です。

このように、百姓たちにとっては用水の有無は死活問題であり、用水の確保をめぐって時には激しい争いが起こりました。水争いの原因としては次のようなものがあげられます。

①堰の構造をめぐる争い……先に述べたように、1つの河川に複数の堰が設けられている場合には、上流の堰の構造が変わると、そこから下流に流れる水量も変化します。

江戸時代には、堰の材料には木材・石・土俵《どひょう》（土を詰めた俵《たわら》）などが用いられました。これらを使った堰では、現代の鉄やコンクリートの堰のように、水を完全に堰き止めることはできず、堰の隙間から水は下流に漏れ流れていきます。これは、江戸時代の工法の限界というよりも、むしろそれによって下流の堰にも水が供給されたのです。

ところが、渇水になると、上流の堰から取水している村々は、できるだけ多くの水を得ようとして、堰の構造を強化することがありました。すると、ただでさえ少ない水が、ますます下流に行かなくなり、それが原因で下流の村々と上流の村々の争いが起こったのです。

②樋の形態をめぐる争い……樋とは何でしょうか。樋には、河川から取水した水を先へ送る長いパイプを指す場合と、取水口に設けられた水門（開閉することによって、水を堰き止めたり流したりする戸）を指す場合があります。いずれにしても、その形態は取水量に大きく影響します。したがって、樋の形態の変更は村々の争いの原因となったのです。

③川浚《さら》いをめぐる争い……河川や用水路の川床《かわどこ》の土砂を浚渫《しゅんせつ》する川浚いは、これを怠ると、川底に土砂が溜まって流れが悪くなり取水に影響するので、定期的に行なわなければなりませんでした。しかし、場合によっては、これも村々の争いの火種になりました。

たとえば、上流の村々が、自分たちが使う用水路の取水口により多くの水が来るようなかたちで川底を浚ったため、下流の村々と争いになることがありました。これは、自分たちに有利な仕方で川浚いをしたことによって争いになったものですが、逆に上流の村々が定期的に川浚いをしなかったために、下流への水流が滞《とどこお》ってしまい、それが原因で争いになることもありました。また、川浚いに出す労働力や費用の負担方法をどうするかも、争いの原因となりました。

④**分水施設の設置形態をめぐる争い**……先述したように、分水とは、用水路の中に構造物を設けて、物理的に水流を分割することです。分水をめぐる争いには、既存の分水方法が公平かどうかをめぐるものや、時間の経過による分水施設の形状の変化をめぐるものなどがあります。

後者には、分水のために水路中に設置した石が、時とともに徐々に、あるいは洪水によって、動いたり傾いたりしてしまい、水の配分が以前とは異なってしまったために争いになったケースなどがあります。

⑤**番水をめぐる争い**……番水とは、取水時間を決めて交互に取水することです。これは、村々間の公平な取水のための有効な方法ですが、各村の取水時間や、取水の順番をめぐって争いが起きることもありました。

⑥**河川の両岸にある堰同士の取水争い**……川の両岸からそれぞれ堰が川中に張り出しているときには、より上流の堰のほうが取水には有利になります。上流にあるほうが、先に水を堰き止めて取水できるからです。そこで、下流の堰を利用する村々は、

堰と取水口の位置を対岸のそれよりもさらに上流に付け替えて、より有利な条件で取水しようとすることがありました。

これが、川の同じ側にある堰同士の場合には、このような露骨な行為は少なかったのですが、対岸の場合にはこうしたことが行なわれることもありました。すると、もとは上流にあった堰を利用する村々の側が、負けじと堰と取水口をさらに上流に付け替えるという、いたちごっこに発展することもあり、付け替えをめぐって争いになる場合もあったのです。

⑦新田開発と用水確保の矛盾……耕地を増やしたいというのは、百姓たちの強い願いでした。また、領主にとっても、耕地の増加は年貢の増収につながりましたから、領主も耕地の新開発を奨励しました。

その一方で、新田が開発されると、その分だけ多くの用水が必要になりますから、従来からある田が水不足になる可能性が出てきます。そこで、新田開発と用水確保のバランスをどう取るかをめぐって、争いが起こりました。

甲斐国（現山梨県）の浅尾《あさお》・穂坂堰《ほさかせぎ》の地点から取水する用水路は、江戸時代に新田開発のために敷設されたものですが、その給水能力の限度いっぱいまで新田が開発されてしまうと、以後はそれ以上の新田開発は強く抑制されました。用水の管理者として堰見廻役《せぎみまわりやく》が置かれましたが、その任務のなかには、無許可で開発された新田の摘発が含まれていたのです（『灌漑』）。

●戦国大名たちは水争いにどう対処したか？

中世には、しばしば用水をめぐる対立が武力衝突に発展しました。戦国期には、その傾向がいっそう顕著《けんちょ》になりました。水争いの主体は、村でした。戦国期の村は、日常的には用水路の整備・保全や用水の配分を主体的に行なうとともに、水争いの際には結束して相手方の村と対峙《たいじ》したのです。すなわち、水の確保はあくまで村が主体となって行ない、水確保の手段として平和的な交渉をとるか、武力に訴えるかも、村が主体的に判断したのです。

こうして、村々が交渉と衝突を繰り返すなかで、地域の水利用のルールがしだいに形作られていきました。そこで形成された秩序は、文書に記録されるよりも、村の長老の頭のなかに「先例」として刻み込まれました。長老こそが、地域秩序の生き証人だったのであり、水争いの際には彼の証言が重要な意味をもちました。

こうした水争いが過度に頻発すれば、社会は不安定になります。それは、民衆にとってのみならず、領主にとっても望ましくないことでした。そこで、領主も対策に乗り出します。

東北の戦国大名伊達《だて》氏は、その法令集のなかで、「水争いは、用水の法に従うべきである。それを、口論に及び、さらに暴力をふるったりすれば、その者の落ち度である。相手を殺すにいたっては、理由の如何《いかん》を問わず死刑に処する」と定めています。

さらに、豊臣秀吉は、水争いの際の実力行使に対して、より強硬な姿勢で臨みました。武力による自力解決を厳禁し、地元で解決できない争いは裁判で決着をつけるよう厳命したのです。しかし、すぐには実力行使の風潮はおさまりませんでした。それに対する秀吉の対応の実例をみてみましょう。

天正《てんしょう》20年（＝文禄《ぶんろく》元年、1592）、摂津国《せっつのくに》（現大阪府）の鳴尾《なるお》村と河原《かわら》（瓦）林《ばやし》村が水争いを起こしました。鳴尾村が、同年の水不足に直面して、新たな用水路を敷設したことが争いの原因でした。この争いは、平和裡《り》に解決することができず、近隣の村々が鳴尾と河原林のそれぞれに加勢して大ごとになり、双方が弓や槍を持ち出しての武力衝突に発展してしまいました。江戸時代の文書に「合戦」と表現されるような大規模な衝突で、双方とも多数の死者・負傷者を出しました。

秀吉は、実力行使禁止の命令に背いたことは許し難いとして、双方の83人を磔《はりつけ》にしました。そのなかには、父の身代わりになった13歳の少年も含まれていたということです。このように、秀吉の命に背いて武力を行使した百姓たちには悲劇的な結末が待っていたのです（酒井紀美『日本中世の在地社会』）。

こうした「見せしめ」を通して、秀吉の断固たる姿勢は村々に浸透し、百姓たちは武力行使を控えるようになっていきました。百姓たち自身による平和的解決のためのルール作りの努力があり、秀吉の政策もそれを促進する側面があったため、百姓たちに受け入れられたのです。

●江戸幕府の水争いに対する基本方針

江戸幕府も、秀吉の方針を継承して、村々の武力行使を厳禁しました。幕府は、慶《けい》長《ちょう》14年（1609）の法令で、「山や水をめぐる争いの際に、弓や鉄砲を用いて武力行使をする者がいたら、その者が住む村全体を厳罰に処する」と定めました。水争いを実力行使によって解決することを厳禁し、争いは幕府の法廷で平和裡に解決すべきものとしたのです。

18世紀後半にも、次のような規定がみられます。

水の引き方については、関係の村々で常日頃からよく話し合っておくべきである。水不足の際に争いが起こらないように心掛けておくこと。水不足になったときには、各村の名主《なぬし》・組頭《くみがしら》が立ち会って、公平な立場で状況を検討し、どの村にも支障がないように水の分配を取り計らうように。村役人の決定に従わず、用水の配分を妨害する者がいたら、すぐに訴え出よ。

もし水争いが起こっても、その現場に、刀・脇差《わきざし》・弓・槍・長刀などを持ち出してはならない。もし、そのような物を持ち出したら、処罰する。また、武器を持ち出した者に加担する者がいたならば、武器を持ち出した本人以上に重い罰を加える。

現場に持って行った鍬《くわ》・鎌・棒などの道具を、互いに奪ったり奪われたりする程度の事態は別として、たとえ相手方がどのような武器を持ち出して乱暴に及ぼうとも、それに対抗して武器を持ち出すことは厳禁する。違反者は、吟味《ぎんみ》のうえ必ず処罰する。

争いの平和的解決は、幕府の一貫した基本方針だったのです。
また、安永《あんえい》5年（1776）の規定では、「水の流れは人力をもって制御できるものではない」として、水争いの解決方法について次のように定められています。

幕府の審理によっても判断が困難なときは、関係する村を支配する幕府代官や領主の役人を現地に派遣して実地検分させる。そして、役人たちに、用水の配分についての一応の解決策を立案させる。そして、3年または5年と期間を決めて、その解決策を試してみる。試行期間中には水量の多い年も少ない年もあるだろうから、その様子をみて、試行期間終了後に最終的な判断を下すものとする。

水利をめぐる自然環境は、人知を超えて絶えず変化するものです。幕府であっても、その変化を正確に予測して、適切な判断を下すことは容易ではありません。もし、幕府の下した判断によっても適切な用水配分が実現しなければ、関係者の不満は幕府に向けられ、幕府の威信が低下することになります。そうした事態を避けるために、幕府は、一定の試行期間を設けて様子をみることで、できるだけ訴訟の両当事者が納得するような解決を導こうとしたわけです。「人は、自然の力を完全にコントロールすることはできない」という前提に立って、人と人、人と水のよりよい関係をつくりあげようという考え方だといえます。

ただし、ときには、領主間の力関係が、用水をめぐる争いの帰趨《きすう》に影響を与えることもありました。幕府領の村々が大名・旗本領の村々との争いにおいて優位に立ったり、大藩領と小藩領の村々の争いで前者が強気に出たりすることがあったのです。

●用水の管理権が領主から村人たちの手へ

幕府の基本方針は、用水の利用に関してはできるだけ村々の自主管理に委ねて、直接の関与を避けるというものでした。自主管理では解決できないときに、はじめて判断を示したのです。ただし、渇水などの非常時には、幕府役人自ら用水の配分を行ない、村々の争いを未然に防ごうとしました。

そういうわけですから、村側の担当者の責任は重大です。『耕作噺《ばなし》』（江戸時代の農業技術書）には、庄屋《しょうや》（名主）の第一の務めは、年貢徴収ではなくて、用水の確保・管理であると書かれています。

また、『庄屋手鑑《てかがみ》』には、次のように記されています。

他村と共同で利用している用水路に関しては、前々からの慣例を順守し、慣例は記録しておくこと。不明確な点は、慣例に詳しい老人に尋ねて、重要な点は記録にとどめておく。日ごろからこうした心構えがないと、緊急時に適切な対応ができない。かねてから用意をしておけば、いざというときに支障なく対応できる。

また、水争いが起こったときは、訴訟の経過を初発から詳しく記録しておくこと。訴訟の相手方から何か言ってきたときは、その日付、使いの者の名前と役職などをしっかり確認して記録しておくことが肝心である。そうしておかないと、後日の対応に不都合が生じる。

ここでは、記録の重要性が強調されています。水利慣行についても、古老の記憶に頼るだけではなく、それをしっかり記録しておくことが重視されるようになったのが、江戸時代の特徴だといえます。記憶から記録への移行です。

また、用水路の維持や用水の適切な分配のために、村役人のほかに専任の担当者を置く場合が多くみられました。美濃国《みの》（現岐阜県）席田井組《むしろだいくみ》という用水組合には、井頭《いがしら》という用水担当者がいました。井頭は、戦国時代に地域の有力者1名が領主から任命されたのが始まりでしたが、17世紀にはしだいに人数が増えて、18世紀には8名になりました。そして、その性格も、領主の代官的なものから村々の代表へと変わっていったのです。用水の管理権が、領主から村々へと移っていったことの表れです。

●用水と宗教の結びつき

用水と宗教というと、この両者がどう結びつくのか、疑問に思われるかもしれません。けれど、前近代においては、宗教の社会的・現実的影響力は今日よりはるかに大きく、それは用水組合にも及んでいました。

備中国《びっちゅう》（現岡山県）の高梁川《たかはしがわ》から水を引く湛井《たたい》12ヶ郷という用水組合では、堰がある湛井の地に井神社《いじんじゃ》を祀っていました。井神社は用水組合村々全体から崇敬《すうけい》されており、組合村々の村人たちは全員井神社の氏子《うじこ》になっていました。井神社は堰・用水および組合村々の守護神であり、組合村々の精神的紐帯《ちゅうたい》となっていたのです。

山城《やましろ》国（現京都府）南部の瓶原《みかのはら》郷を灌漑する大井手《おおいで》という用水路は、鎌倉時代に、瓶原郷にある海住山寺《かいじゅうせんじ》の僧慈心《じしん》が主導して設けたものでした。そのため、大井手の管理・運営には、中世を通じて海住山寺の影響力が及んでいました。

戦国時代になると、海住山寺の政治的・宗教的影響力は衰え、江戸時代には大井手はそれを利用する瓶原郷9か村が自治的に管理・運営するところとなりました。ただし、そうしたなかにあっても、大井手の完成時に、慈心によって任命されたと伝える16人の井手守《いでもり》が、宗教的な色彩の強い年中行事（雨乞いなど）を執り行なうとともに、村々を指揮して大井手の運営を担っていたのです。

井手守は、江戸時代においても、中世以来の海住山寺の代理人としての性格を多分に残していました。水量の増減の測定法、用水に関する祭礼・儀式の執行方法、用水配分の方法の3つは、井手守以外は知ることを許されない「秘事」とされ、口伝《くでん》によって代々伝えられたのです。

近江国（現滋賀県）日野川《ひのがわ》筋の宮井《みやい》組という用水組合は、「宮井」という名の通り、当地の苗村《なむら》神社と密接な関係にありました。宮井組のなかでも、田中・綾戸《あやど》の2か村は苗村神社ととりわけ結びつきが深かったため、用水利用においても他村よりも有利な立場にありました。

このように、江戸時代にも、用水と宗教との結びつきは各地でみられました。降雨が人知をもってコントロールできない以上、雨乞いなどのかたちで、用水と寺社との関わりは続いたのです。

四 村々は「川」をいかに活用したか?

●用水によって村がひとつにまとまる

ここまでは、主に用水組合による水利用、すなわち水をめぐる村同士の関係を中心に述べてきました。次に、個々の村内部における水利用の話に移りましょう。

江戸時代には、水や山野などの自然資源は、すでに無尽蔵にあるというものではなくなっていました。新たな耕地の開発にともなって、資源の希少化が現実化していたのです。耕地は山野を切り拓いて造成しますから、耕地が増えればその分山野は減少します。また、耕地が増えればそれだけ必要な用水量も増加するので、水不足になりやすくなるのです。

そうしたなかで、村は、自然資源を維持し、永続的に利用するために重要な役割を果たしていました。村は、水や山野の適正な利用秩序を定めることによって資源の過剰収奪を防ぎ、また資源維持に必要な労働を投下することによって環境保全を実現していたのです。

ただし、山野は個々の家に分割できますが、水利灌漑施設は分割することができません。ここに、水と山野の違いがありました。

江戸時代の村は、閉鎖性と開放性の両面をもっていました。村は用水利用の単位としての一体性をもっており、それゆえ閉鎖的な性格を有していました。一方、村はほかの村々と共通の用水路を利用している場合が多く、そうした場合には村々が共同で公平な用水利用を実現する必要がありました。そこで、村にはほかの村々と連合・協力するという開放的な性格も備わっていたのです。

ただし、村々の連合（用水組合）は、その内部に村々の利害対立を抱え込んでいました。この対立は、渇水時などにおいて水争いとして表面化しました。そして、水争いのときには、村（村々）が一致団結して、利害の反する村（村々）と激しく争ったのです。村のなかにも村人同士の利害対立はありましたが、村が用水利用の基礎単位だったことにより、ほかの村との争いの際には、村人たちが一致団結し、村の求心力が強まったのです。村人たちは、一面では「敵がいるから結束する」という関係だったといえるでしょう。水は、村人たちが個よりも集団（村）の利害を優先するような集団主義的考え方を強める要因でもあったのです。

用水路は、放っておけば土砂が堆積したり、草が繁茂《はんも》したりして、流れが悪くなってしまいます。そこで、毎年、川底を浚《さら》ったり、草を刈ったり、崩れた個所を補修したりといった作業が必要になります。こうした用水路の保守に必要な労働力は、村人たち自らが提供していました。自分たちの水には、自分たちで責任をもったのです。用水路の維持・管理の責任主体は村であり、用水組合の基礎単位も村だったのです。村なくして、用水利用は不可能だったといえるでしょう。

用水路の保守に要する労働力の割り当て基準としては、多くの村で、1戸から1人ずつといったように、各戸平等の割り当て原則を採用していました。村の各戸の所有耕地面積には差がありましたが、皆同等の労働力を提供したのです。これは、純粋に経済的な観点からすれば不平等なやり方だといえますが、そこには、村の一員として「村の水」を利用している以上は、所有面積の違いに関係なく、均等の負担をすべきだという考え方が存在していたのです。所有面積の少ない家も、多い家と対等に扱われていたともいえます。これを、不平等とみるか平等とみるかは、価値観の相違だともいえるでしょう（玉城哲『風土の経済学』、同『日本の社会システム』、同『むら社会と現代』）。

●江戸時代の灌漑の特徴「田越し灌漑」と、「分散錯圃《さくほ》制」

江戸時代の百姓たちは、自家の都合だけで、各種農作業の時期や作付け作物の種類を決めることはできませんでした。村全体のルールに従う必要があったのです。それは、なぜでしょうか。

江戸時代には、1枚1枚の田が水利上、独立していませんでした。個々の田が、個別に用水路から取水する仕組みにはなっていなかったのです。どうなっていたかというと、「田越《たこ》し灌漑」という方法がとられていました。これは、用水路から取り入れた水を、比較的高い所にある田にまず引き入れ、そこから隣接するより低い田へと順々に落としていく方式です。1枚の田は、隣の田から畦《あぜ》越しに水をもらい、さらにそれを隣の田へと流していくのです。これが「田越し灌漑」であり、江戸時代の技術力水準のもとで一般的にとられた灌漑方法でした。

田越し灌漑は、個々の田の非独立性をもたらします。田越し灌漑のもとでは、1枚の田に、いつ水を入れ、いつ田植えをするかは、その田の持ち主が一存で決めることができず、上下に隣接する田の持ち主と相談しなければなりませんでした。上の田からいつ水が来るかによって、下の田の田植え時期が決まるからです。したがって、隣り合う何枚かの田で、日程を調整して田植えを行なう必要がありました。

それでも、1軒の家が所有する田が1か所にまとまっていれば、少しはやりやすかったでしょう。上の田も下の田も自分の所有地ならば、話は簡単だからです。けれども、実際にはそうはなっていませんでした。各家の所有する田は、村のあちこちに少しずつ分散しているのが普通だったのです。これを、専門用語では「分散錯圃《さくほ》制」といいます。各家の所有耕地（圃場《ほじょう》）が分散し、相互に錯綜《さくそう》しているということです。

分散錯圃制のもとでは、各家の所有地が村の各所に散在していたため、農作業には不便なこともありました。そのため、江戸時代に新たに大規模な新田を開発するときには、各家の耕地を1か所にまとめた計画的な耕地配置が行なわれることもありました。しかし、江戸時代の初めからある村では、分散錯圃制が江戸時代を通じて存続したのです。それには、理由がありました。

中世からの長い歴史のなかで、売買や質流れ、譲渡《じょうと》が繰り返された結果として、分散錯圃制になったというのが理由のひとつです。これは、結果としてそうなったというやや消極的な理由ですが、より積極的な理由もありました。

所有地が分散していることで、災害のリスクも分散されたのです。たとえば、ある家が山沿いと川沿いに耕地を持っていたとしましょう。洪水のとき、川沿いの耕地は被害を受けますが、山沿いの耕地は無事です。逆に、山崩れがあったときは、山沿いの耕地は被害を受けても、川沿いの耕地は大丈夫でしょう。このように、所有地の分散はリスクの分散につながったのです。

また、分散した各所の耕地にそれぞれ違う作物を作付けすることによって、多角的な経営を行なうことも可能でした。たとえば、こちらの田には早稲《わせ》、そちらには中稲《なかて》、あちらには晩稲《おくて》といったように作付け品種を変えることができるのです。そうすれば、早稲は早く収穫できますから、たとえ秋に台風が来て収穫前の中稲と晩稲は被害を受けても、早稲だけはすでに収穫済みで、稲の全滅は免れるということになります。これも、リスク分散のひとつです。分散錯圃制にはこうしたメリットもあったため、ほとんどの村で江戸時代を通じて継続したのです。

●用水路もそこを流れる水も「村の水」

話を用水に戻すと、田越し灌漑と分散錯圃制に規定されて、江戸時代の用水は「村の用水」であって、「家の用水」「個人の用水」ではありませんでした。最終的には、水は各家で利用するわけですが、それはあくまでも村の水を村のルールに従って利用するものだったのです。水は、村人たちを結びつける絆であり、また拘束する鎖でもありました。

村人たちは、それぞれに自家の農業経営の発展を望んでいました。私的利益の追求者だったのであり、日々経営改善に知恵を絞り、工夫を重ねていたのです。その点では、ほかの村人たちは皆ライバルでした。「隣の不幸は鴨の味」という言葉は、それをよく表しています。しかし、その一方で、村人たちは一致協力して、村の農業環境の維持・改善に取り組みました。一見矛盾するようですが、ライバル同士が団結していたのです。その秘密は、用水にありました。

水田は、用水路から水を引き入れなければ、水田としての機能を果たしません（なかには、天水《てんすい》のみに頼る田もありましたが、天水田《てんすいでん》では安定的な高収量は期待できませんでした）。そして、用水路は個々の百姓の専有物ではなく、村全体の共有物でした。用水路を流れる水も「村の水」であり、村全体のルールのもとでのみ利用することができたのです（※）。

したがって、農業経営の発展にとって不可欠な用水路の維持・管理、さらにはその改善は村ぐるみで行なうことになります。経営を発展させ私的利益を追求するためには、その前提として、用水利用における村全体の共同が不可欠だったのです。村全体で結束することなしには、私的利益は実現できませんでした。私的利益は、共同体的利益と密接に結びついていたといえるでしょう。これが、ライバル同士が団結する要因でした。

この点では、地主も同じ条件下にありました。彼らは、所有地の一部を小作人に貸して耕作を任せ、そこから小作料を得ていました。そこで、確実に小作料を得ようとすれば、小作地に安定的に用水を確保しなければなりません。そして、小作地に引く水もやはり「村の水」でしたから、用水利用の面では、地主も一般の村人たちと利害関係を同じくしていました。

そこで、彼らは率先して水利環境の維持・改善に努めるなどリーダーシップを発揮したのです。ここでも、私的利益と共同利益とは表裏の関係として一体化していました。地主が私財を投じて用水施設の改善を行なうのは、「慈善事業」ではありませんでした。村全体の水利環境の改善は、自家の収入増加につながっていたのです。こうして、地主が蓄積した富の一部は、水利への投資というかたちで村に還元されることになったのです。村全体の利益のなかで私利を追求するというのが、地主を含む村人たちの基本姿勢だったといえます。

※水田の権利としては、土地所有権に用水利用権が付随しているのが一般的でした。田を入手すれば、自動的にその田への取水権も付いてきたのです。けれども、まれには両者が分離している場合がありました。たとえば、和泉国《いずみ》など現大阪府域の綿作地帯では、用水の利用権を買ってまで綿畑に引水することがありました。溜池の水が残りわずかとなり、すべての用水組合村々にはとても行き渡らないという状況のとき、入札によって残りの水を希望する村に売ったのです。このように水の使用料を支払っても、なお綿作からは収益があがったのです。和泉国のように、農業生産力が高く、商品経済が高度に発展していた地域では、水も商品化され売買されていたのです。

●水田は漁業の場でもあった

ここまで、治水と用水について述べてきました。この両者は本書全体のメインテーマですが、百姓と水との結びつきはこの2つに限られるものではありません。

水田の多い農村では、稲作が基幹的な位置を占めていますが、そのもとでも水田の裏作、田の畦《あぜ》における大豆・小豆の栽培に加えて、水田での漁撈《ぎょろう》や動植物の採集といった多様な生業が営まれていたのです。

水田と漁業などまったく結びつかないように思いますが、百姓たちは水田や用水路でコイ・フナ・ウナギ・ナマズ・タニシなどの淡水産魚介類を獲り、それを自家で食べるとともに、たくさん獲れればほかへ売って現金収入を得ていたのです。水田は農業の場であるとともに、漁業の場でもありました。このように、百姓が多様な生業を複合的に営むことで、生活を成り立たせていたことに注目する議論を、「複合生業論」といいます（安室知「複合生業論」『講座日本の民俗学5　生業の民俗』所収、同「稼ぎ」『暮らしの中の民俗学2　一年』所収、同『水田漁撈の研究』）。

●新田開発を拒否し、沼と生きる百姓たち

複合生業論の提起を受けて、江戸時代の百姓の暮らしの多様性を豊かに描き出す

研究が進んでいます。その一例として、下野国《しもつけ》（現栃木県）南部に存在した越名沼《こえなぬま》と、沼に隣接する越名村を取り上げましょう。

越名沼の周辺は低湿地が多く、水害の常襲地帯であったため、百姓たちは耐湿性にすぐれた大唐米《たいとうまい》（赤米《あかごめ》）を栽培するなどの工夫を凝らしていました。

沼では、多様な漁業が行なわれ、肥料用・食用の藻草《もぐさ》や菱《ひし》が採取されました。また、沼に飛来する渡り鳥を対象とする狩猟も行なわれました。さらに、岸辺の干潟《ひがた》に生える葭《よし》や真菰《まこも》は、屋根葺きや筵《むしろ》作りに用いられ、馬の飼料にもなりました。

越名村の南を流れる佐野川《さのがわ》には河岸《かし》場（船が着岸でき、荷物の積み降ろしを行なう場所）があり、村人たちは船頭をしたり、船荷の積み降ろしに従事したりしていました。村には、船大工もいました。

そして、村人たちは干潟の葭や真菰を飼料にして馬を飼育し、厩肥《きゅうひ》（馬小屋の床に草や藁《わら》を敷き、それと馬糞を混ぜて作る肥料）を得るとともに、馬を用いて河岸場に集まる荷物の運搬に従事しました。

ただし、越名村の村人のうち、越名沼で漁業ができるのは12人に限られていました（百姓の戸数は元文《げんぶん》４年〔１７３９〕に１３５戸）。また、越名村は、沼に隣接する諸村のなかでも、とりわけ沼に対して強い権利を有していました。そのため、村内の漁業権をもつ者ともたない者の間で、また越名村と他村との間で摩擦《まさつ》が生じることもあり、そうした争いを通じて、沼の利用慣行が再確認されたり改変されたりしていったのです。

元文4年に、越名沼を埋め立てて新田を開発するという計画が持ち上がったときに、越名村では、「沼があるおかげで、百姓たちは何とか日々の暮らしを続けていくことができるのです。越名沼が埋め立てられてしまうことになれば、越名村は衰亡し、百姓たちは離村を余儀なくされてしまいます」と述べて反対し、計画を中止させています。

沼は百姓たちに恵みを与えるとともに水害をもたらす脅威でもありましたが、百姓たちは新田開発のもくろみには敢然《かんぜん》と反対し、沼とともに生きる姿勢を明確にしました。彼らは若干の耕地拡大よりも、沼で営まれる多様な生業の存続を選び、結果的に過剰開発を食い止めたのです。

こうした実態をみるとき、農村・山村・漁村というように村を区分し、それぞれが農業・林業・漁業に特化した村だと考えることは正しくありません。そのいずれにおいても、住民は多様な生業を複合的に営んでいたのです（平野哲也「沼の生業の多様性と持続性」山本隆志編『日本中世政治文化論の射程』所収）。

●用水路の水を使って水車屋を営業

同じ下野国で、もうひとつ別の具体例をみてみましょう（以下は、平野哲也氏の研究によります）。

下野国都賀《つが》郡の小倉川《おぐらがわ》の右岸平野部には、西方郷《にしかたごう》と総称される12の村々がありました。この12か村は、小倉堰の地点から取水する用水を共同で利用する用水組合をつくっていました。用水利用が、12か村を結びつける契機になっていたのです。小倉堰の修築工事の際には、12か村が村高に応じて、労働力と費用を負担しました。

小倉堰の地点から取水した用水路は3つに分かれ、さらにそれがいくつにも枝分かれして、村々の田を潤していました。用水路の水は、村人たちの飲み水にも使われました。3本の用水路の川幅は、宝永《ほうえい》3年（1706）に幕府によって、35対35対30の割合に定められました。また、渇水時には、番水によって公平な取水を心掛けています。

小倉堰の維持・管理のために、堰番《せきばん》と堰守《せきもり》という役職が設けられていました。堰番は、小倉堰と用水路を管理する責任者で、12か村のうち4か村の名主が就任しました。堰番の職務は、堰や用水路の保守作業に必要な労働力や道具の各村への賦課《ふか》、保守作業の指揮、関係書類の作成・管理などでした。堰番は、12か村の村役人たちの意を受けて、用水関係業務の全体を統括したのです。

また、堰守は小倉堰の脇にある水神社《すいじんしゃ》に隣接した所に住んで、昼夜を問わず堰の監視に当たっていました。

用水路の水は、水車の動力源としても使われました。水車を使って、精米や麦・ソバ・粟《あわ》の製粉を行なう百姓がいたのです。周辺の百姓たちの農業生産物を、有料で加工する業者が水車屋です。

同じ用水の利用とはいっても、農業用水や飲料水は大多数の百姓が利用するのに対して、水車はその持ち主（水車屋）が個別に経営して利益をあげるものです。そこで、村々では、水車の水利用によって、農業用水や飲料水に支障が出るようなことのないよう必要な規制を行ないました。多数者の利害は、少数者のそれより優先されるべきだからです。ですから、新たに水車を設置する際には、関係する村々の了承を得る必要がありました。

ただ、水車屋に精米・製粉を頼めば、お金はかかりますが、自分で精米・製粉をする労力は省けます。ですから、水車屋を利用する百姓も多く、農業の支障にさえならなければ、水車屋の存在はむしろ百姓にとってメリットのあるものでした。そこで、村々では、農業用水・生活用水の利用を優先させること、村役人や堰番の言いつけを守ること、精米・製粉代金の改定の際には各村の村役人たちと協議すること、などを条件に水車の営業を認めています。

また、西方郷のなかには酒造業者もおり、彼らは酒造用の米の精米を水車屋に頼んでいました。水車屋は、地域の農産加工業にとっても有意義な存在だったのです。

●川や用水路の漁業権をめぐる争い

以上は、小倉川から分かれた用水路の話でしたが、小倉川の本流も百姓たちの暮らしと深い関わりをもっていました。川沿いの村の百姓のなかには、川を対岸に渡る通行者のために、渡し船の船頭をする者もいました。また、河原や川底の石は、百姓たちの家作《かさく》や井戸の石組みに用いられました。そうした多様な利用のなかでも、とりわけ漁業の面で、小倉川は百姓たちにとって大きな意味をもっていました。小倉川は、アユ漁の好漁場だったのです。

ただし、小倉川での漁業は、西方郷のすべての百姓が自由に行なえたわけではありません。漁業権の開放をめぐって、西方郷と外部の村との間でも、また西方郷の内部においても、たびたび争いが起こりました。漁業権をもたない村や百姓が、「自分たちにも漁業をやらせろ」と要求したのです。

ただ、ここで注意しておきたいのは、漁業権が万人に開かれることの是非です。魚の生息数が十分であれば、誰もが好きなときに好きなだけ獲ってもかまわないでしょう。それが理想です。しかし、現実には水産資源は有限です。漁業に制限を設けなければ、資源はすぐに枯渇してしまいます。

江戸時代には、魚に限らず、水も山も、利用制限をしなければ、永続的な利用は不可能な段階に立ち至っていたのです。過剰開発社会に入りつつあったといってもいいでしょう。そのため、人々の間で資源利用のルール作りが模索されたのです。百姓たちは、漁業権者の範囲をどこまで広げ、どこから制限するか、資源保全と漁業収益とのバランスを考慮しながら、適正な線引きをすべく努力を重ねていたのです。

以上は小倉川の本流での話ですが、小倉川から分水した用水路においても魚獲りは行なわれており、それは村々の百姓たちに広く開かれていました。前述したように、用水路は年に最低一度は川浚い（用水路の浚渫）や藻刈りなどの保守作業をしなければなりません。それは百姓たち全員の義務でしたが、同時に用水路で魚を獲れるチャンスでもありました。

川浚いの際には、流れを堰き止めて水量を減らします。そのとき、浅くなった用水路に入って、コイ・フナ・ウナギ・ナマズなどを獲るのです。これらは家でも食べたでしょうし、大量に獲れれば売って家計の足しにもしました。また、子どもたちにとっては、川遊びの絶好の機会でもありました。

このように、農村の百姓たちは農業だけを営んでいたわけではなく、漁業など多様な生業を農業と巧みに組み合わせて、日々の暮らしを営んでいたのです。

●木材の交通路としての川

小倉川上流の山間地帯で伐り出された材木は、筏《いかだ》に組まれて、小倉川を流れ下りました。何本かの材木を縄で結んで筏を造り、それをそのまま下流に流したのです。そうすれば、わざわざ船に積んだりする必要はありません。下流の目的地に着いたら、川から引き揚げて解体し、乾燥させればよかったのです。

自動車や鉄道のなかった江戸時代には、川や海の水上の道こそが交通の大動脈だったのです。時代が下るにつれて、川を下る筏の数は増えていきました。そこで、小倉堰の存在が問題になってきたのです。

西方郷12か村の百姓たちにとっては、筏が堰に衝突して堰が破損することは大問題でした。一方、材木商人たちにとっては、堰は筏のスムーズな流下を妨げる障害物でしかありませんでした。川を用水源とみる百姓たちと、川を交通路とみる材木商人たちとの間で、利害が対立したのです。これは、それだけ川が多目的に利用されていたことの表れでもあります。

19世紀になると、西方郷の百姓のなかからも材木商人が現れました。そのため、百姓たちと材木商人との対立は、西方郷の内と外の対立というだけでなく、西方郷の内部における対立という性格も帯びてきたのです。

けれども、百姓たちは、材木商人との対立をエスカレートさせる一方だったわけではありません。19世紀には、水量が豊富で、堰の上端を越えて十分な水が流れているときには、堰番の判断で筏が堰を乗り越えることを認め、渇水時には堰の手前で筏を陸揚げし、1本1本の材木に分解して堰の下流まで陸上を運び、そこでまた筏に組み直して川を下るというルールができていました。百姓たちと材木商人とは、互いの生業をともに成り立たせるべく、共存の仕組みをつくりあげていったのです。

このように、小倉川とそこからの用水路は、西方郷の百姓たちにとって、農業用水として、漁場として、水車の動力源として、さらには筏の通り道としてなくてはならぬ存在でした。また、飲料水や生活用水・消防用水も小倉川から得ていました。百姓たちは、農林漁業・農産加工業と日常生活の全般において、川の恩恵を受けていたのです（平野哲也「江戸時代における川利用の多様性と諸生業の共存」『栃木県立文書館研究紀要』15号所収）。

江戸時代の百姓たちは、皆が川との付き合い方を身につけていました。治水や取水、舟運《しゅううん》や漁業など、さまざまな技術を我が物としていたのです。自分たちで治水工事や用水管理を行なうためには多大な時間と労力を要し、それは一面でわずらわしい負担でした。しかし、多面的に直接川と向き合うことによって、百姓たちは川についての知識と技術を磨くことができました。自然の圧倒的な力と対峙することで人格を鍛え、さまざまな生活の知恵を獲得したのです。

それに対して、現代人は、河川管理を国や地方自治体に任せることで、時間と手間を省いて楽をしていますが、そのぶん川についての知識や川と付き合う技法の面では、江戸時代人の足元にも及ばないといっていいでしょう。大熊孝氏もいうように川にかかずらう面倒くささから逃れて、手を汚さない自由な時間を増やした代償として、自然との共生の技法を創造する貴重な機会を失ってしまったのではないでしょうか。

第二部

ケーススタディ

河内国での水資源戦争300年を追う

江戸初期から明治まで

●対象地域の紹介

第一部では、江戸時代の百姓と水との多様な関わりについて、治水と用水を中心に述べてきました。第一部を総論とすれば、第二部は各論ということになります。第二部では、第一部で述べたことを、1つの地域に対象を絞って具体的に掘り下げていこうと思います。取り上げるのは、豊富な史料が残されている現在の大阪府藤井《ふじい》寺《でら》市・羽《は》曳野《びきの》市に属する地域（河内《かわち》国南部）です。当地域の水利用のあり方は、かなりの程度全国各地にも共通する普遍性をもっています。まず、当地域の水利事情をご紹介しましょう。

当地域の江戸時代の水利事情は、河川灌漑《かんがい》と溜池《ためいけ》灌漑を2本柱とし、さらに井戸も多数掘られていました（※）。この地域の溜池灌漑は、個々の溜池が独立して存在しているのではなく、複数の溜池が水路によって相互に連結しているところに特徴がありました。より高い所にある溜池から低い所の溜池へと、水が供給されていたのです（これをシステム・タンク方式といいます）。

河川灌漑に関して、以下で取り上げる用水路は、王水井路《おうずいいじ》（王水川《おうずいがわ》）と呼ばれるものです（90〜91ページの図6をみてください）。王水井路は、大和川《やまとがわ》（図6は、宝永元年〔1704〕の流路変更以降のものなので、新大和川と表記されています）に合流する直前の石川《いしかわ》から、河内国古市《ふるいち》郡碓井《うすい》村（現大阪府羽曳野市）の村域内において取水し（この取水地点にある水門が王水樋《おうずいひ》です）、誉田《こんだ》（古市郡、現羽曳野市）・道明寺《どうみょうじ》・古室《こむろ》・沢田《さわだ》・林《はやし》（以上河内国志紀《しき》郡、現藤井寺市）・藤井寺・岡《おか》（以上河内国丹南《たんなん》郡、現藤井寺市）・小山《こやま》（志紀・丹北《たんぼく》両郡にまたがる、現藤井寺市）の8か村を灌漑する用水路でした（小山村は、志紀小山村と丹北小山村というかたちで、2つの村として扱われることもありました）。

18世紀以降は、この8か村が王水樋組合という用水組合を結成していました。用水組合とは、用水の分配や用水路の維持・管理を共同で行なう村々の連合組織です。王水樋から取水した用水を共同利用する用水組合が、王水樋組合だったのです。

この8か村を一覧表にしたのが、92ページの表1です。表1から、8か村の村高《むらだか》（村全体の石高）を比べると、最大の志紀小山村と最小の道明寺村とでは約5倍の開きがあることがわかります。また、丹北小山村のように村高の8割以上の耕地が王水井路の水によって灌漑されている村から、藤井寺村のように村高の3割しか王水井路に依存していない村まで、各村の王水井路への依存度にはかなりの差がありました。

この地域は、水田が中心で、農業生産力の高い地域であり、江戸時代初頭から綿作がさかんに行なわれていました。田を畑に変えて綿を作付けすることまであったのです。

また、土地をまったく持たない者やわずかしか持たない者が各村に多数存在し、農業以外の諸生業に従事する者が多くいて、都市化した村があちこちにみられました。

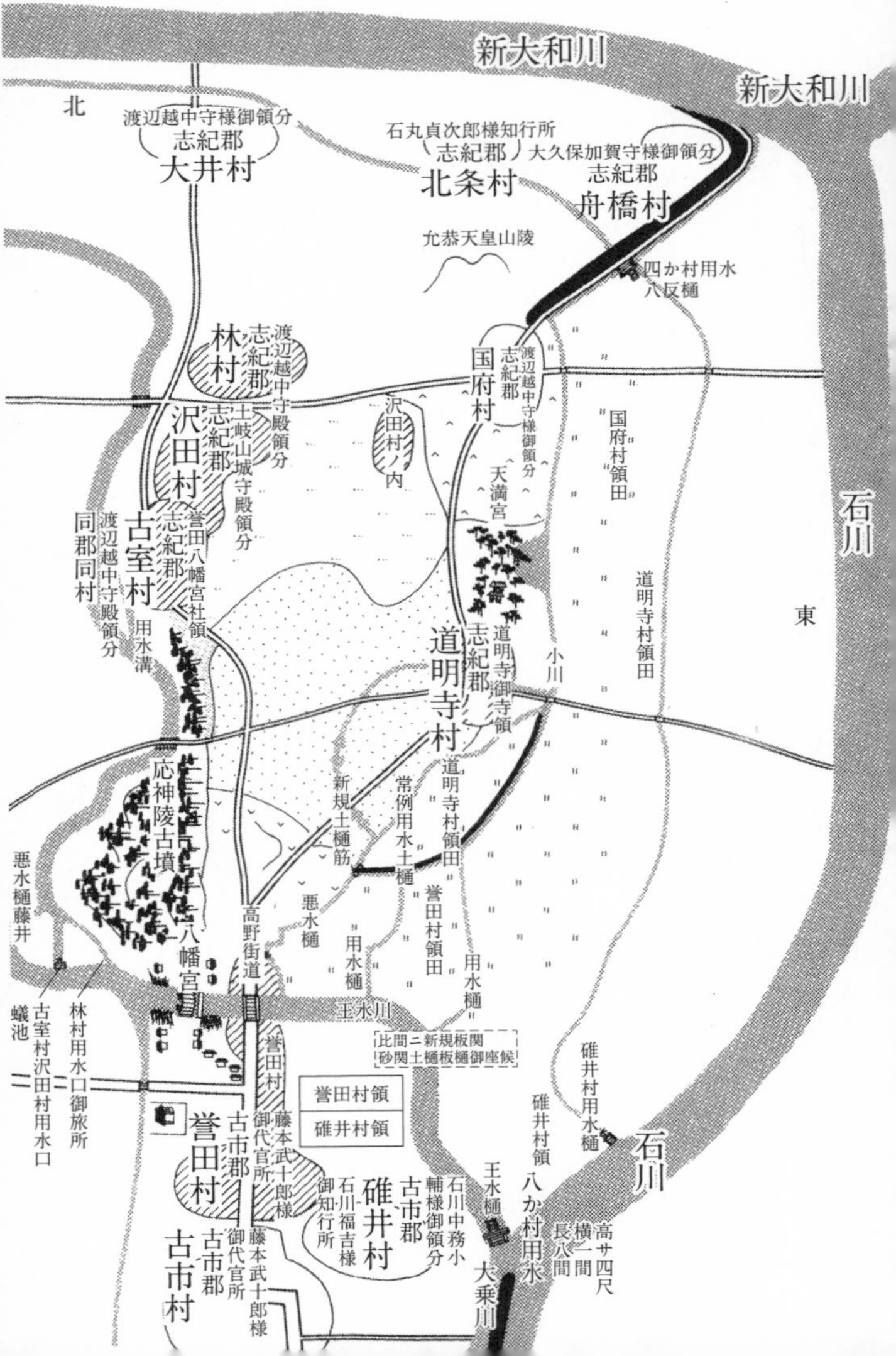
新大和川
新大和川
北
渡辺越中守様御領分
志紀郡
大井村
石丸貞次郎様知行所
志紀郡
北条村
大久保加賀守様御領分
志紀郡
舟橋村
允恭天皇山陵
四か村用水
八反樋
林村
志紀郡
渡辺越中守殿領分
国府村
志紀郡
渡辺越中守様御領分
沢田村
志紀郡
土岐山城守殿領分
沢田村ノ内
天満宮
国府村領田
石川
東
同郡同村
渡辺越中守殿領分
古室村
志紀郡
誉田八幡宮社領
用水溝
道明寺村
志紀郡
道明寺御寺領
道明寺村領田
小川
応神陵古墳
新規土樋筋
常例用水土樋
道明寺村領田
悪水樋藤井
八幡宮
高野街道
悪水樋
用水樋
誉田村領田
用水樋
王水川
比間ニ新規板関
砂関土樋板樋御座候
蟻池
古室村沢田村用水口
林村用水口御旅所
誉田村
古市郡
誉田村
御代官所
藤本武十郎様
誉田村領
碓井村領
碓井村用水樋
碓井村領
石川
碓井村
古市郡
石川福吉様
御知行所
石川中務小輔様御領分
王水樋
八か村用水
高サ四尺
横一間
長八間
大乗川
古市村
古市郡
御代官所
藤本武十郎様

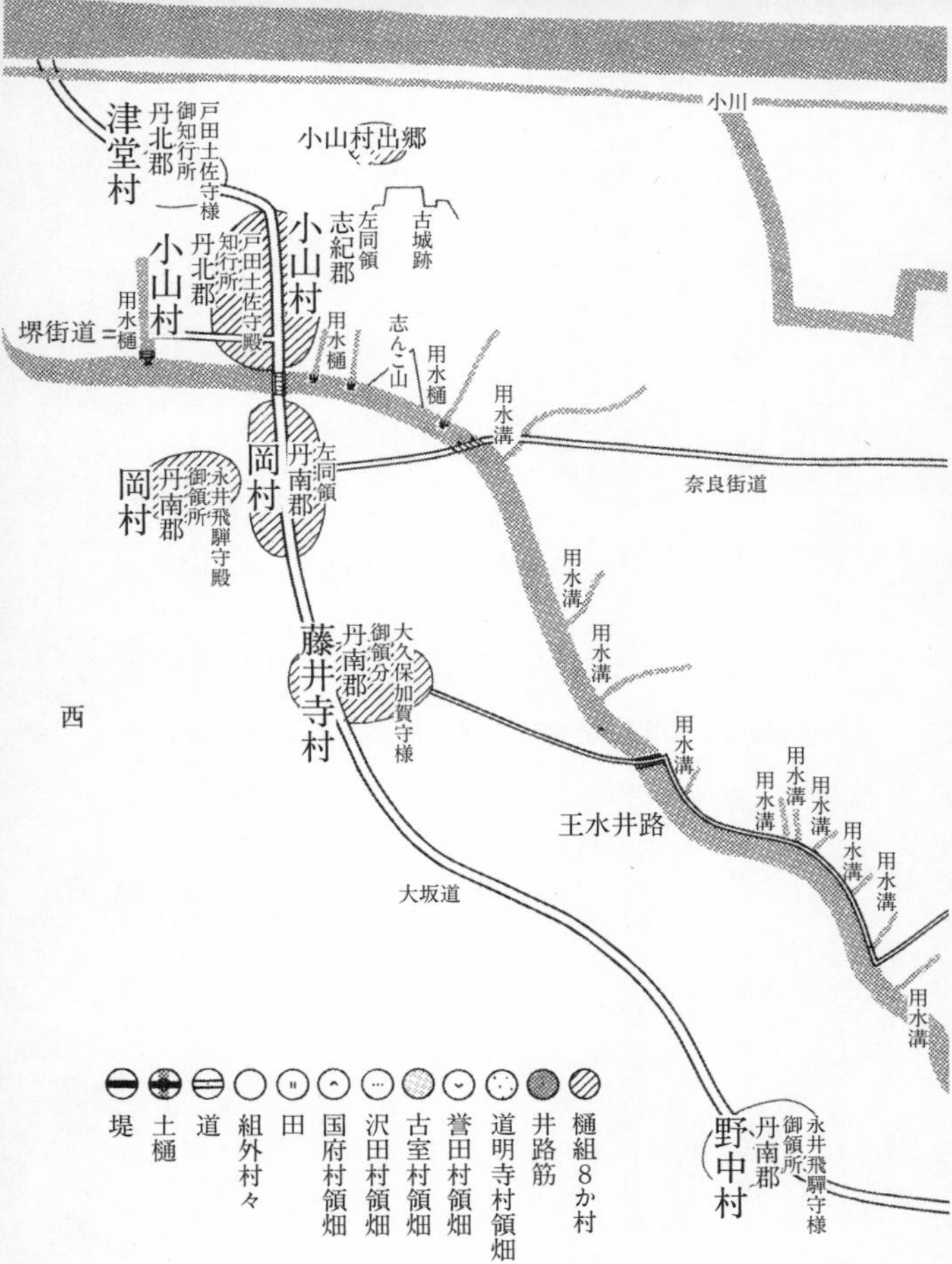

図6　王水樋組合8か村絵図（文政3年〔1820〕）

※『藤井寺市史』第10巻史料編8上に所収の図をもとに作成

南

村名	郡名	村高（石）		水掛かり高（石）
		明和元年（1764年）	文政２年（1819年）	
小山	志紀	979.289	979.289	714.7
	丹北	450.774	450.774	366.0
岡	丹南	674.000	739.042	250.0
藤井寺		500.000	513.493	150.0
誉田	古市	914.989	914.989	350.0
道明寺	志紀	199.138	174.500	59.94
古室		310.304	310.304	266.0
林		423.025	423.025	310.78
沢田		497.856	497.852	350.0

表1　王水樋組合8か村の村高と水掛かり高

水掛かり高とは、村高のうち、王水井路の水を用いて灌漑する耕地の石高のこと

※『藤井寺市史』第10巻史料編８上に所収の表をもとに作成

そして、この地域は、幕府・大名・旗本・寺院・神社などの領地が複雑に入り組んでいました。

以下、第一章では17世紀、第二章では18世紀、第三章では19世紀の水利事情について述べていきます。なお、第一章では溜池灌漑と河川灌漑をともに取り上げますが、第二、三章では王水井路による河川灌漑に絞って述べることにします。

また、第四章では、用水を利用する村の内部を詳しくのぞいてみました。第五章では、再び溜池灌漑を取り上げて、江戸時代の水利事情が明治時代に入ってどのように変わったかを述べました。そして、第二部全体を通して、中世末から近代初頭に

いたる歴史の流れがわかるように配慮しました。第二部では、いくつもの村名が出てきて、やや煩雑《はんざつ》に思えるかもしれませんが、できるだけわかりやすく述べたつもりです。

さあ、河内国を事例として、300年にわたる百姓たちの水争いと和解の歴史を具体的にみていきましょう。

※当地域では、揚水《ようすい》器具として「はねつるべ」がよく用いられました。当地域では綿作がさかんでしたが、綿に水をやるために多数の野井戸《のいど》（野外に掘られた井戸）が掘られ、野井戸から水を汲《く》むのに「はねつるべ」が使われたのです。「はねつるべ」は、水を汲む桶《おけ》をつけた竿の反対側の端に石の重りをつけたもので、天秤の原理を用いて、少ない力で水を汲むことができました。

第一章

江戸前期（17世紀）の水争い
近世の用水秩序の成立

本章では、17世紀をとりあげます。17世紀は、戦国の動乱が終息して平和が訪れ、百姓たちが落ち着いて農業に専念できるようになった時代です。そして、百姓たちは、領主に対しては自己主張し、ときには村同士激しく争いながら、しだいに1つの水利秩序をつくりあげていきました。17世紀は、新たな江戸時代的秩序のダイナミックな生成期だったのであり、本章ではその過程を具体的にみていきます。

一　溜池の水資源をめぐる争い

●文書によって水利秩序を確認――慶長15年(1610)の最古の文書、軽墓村－野中村

まず、溜池灌漑からみていきましょう。

慶長《けいちょう》15年（1610）に、軽墓村《かるはか》（現羽曳野市《はびきの》）の助太夫《すけだゆう》ほか2名から、隣村野中《のなか》村の領主の役人に宛てて、1通の文書が差し出されました。この当時、野中村の領主は、狭山藩《さやま》でした。軽墓村の領主が誰だったかは不明ですが、狭山藩ではありませんでした。慶長15年の文書は、次のような内容でした。

野中村のご領主様（狭山藩）が、野中村の溜池である芦之池《あしのいけ》（芦ヶ池とも呼ばれます）の堤防工事をなさった際、芦之池から軽墓村の田に水を引く「はねあな」という取水口の調査をなさいました。

軽墓村では、これを契機に、以後の取水を禁止されでもしたら大変だと考えて、池尻村《いけじり》（現大阪狭山市）の孫左衛門《まござえもん》と宮《みや》村の仁兵衛《にへえ》にご領主様への取りなしを頼みました。2人の取りなしの甲斐《かい》があって、ご領主様は、従来通り「はね

あな」から軽墓村の6反《たん》の田に水を引くことを認めてくださいました。

ついては、「はねあな」の北側に、やはり芦之池から軽墓村の耕地に水を引く取水口がありますが、ここからの取水も従来通り認めていただきたいのです。これまで芦之池の水を利用してきた田以外の田に少しでも水を引いたならば、どのような取り調べを受けても文句はありません。

野中村にある芦之池という溜池は、野中村だけでなく、隣の軽墓村も利用していました。「はねあな」ともう1か所の取水口から水を引いていたのです。そして、軽墓村が水を引いてもよい田は決められていました。取水は、無制限に認められていたわけではなかったのです。そして、この文書からは次のことがわかります。

①江戸時代の初期に、領主の役人が村に来て、溜池の堤防工事の指揮を執っていま す。そして、それが野中村と軽墓村の間の水利秩序を確認する契機になっているのです。これを中世と比較すると、一般に中世の荘園《しょうえん》領主は、用水路の工事費用を支給するなど、村々に対して経済的援助は行ないましたが、領主の役人が実際に来村して工事を指揮監督したりすることはあまりありませんでした。

それが、戦国時代以降変わってくるのです。戦国大名は治水・水利事業に力を入れ、さかんに直接指揮して工事を行なうようになりました。強大な戦国大名がいなかったこの地域では、やや遅れて江戸時代初期に、領主の主導で水利施設（溜池）の工事が進められ、それにともなって地域の水利秩序が確認・確定されたのです。

②このときの池尻村の孫左衛門と宮村の仁兵衛のように、水利秩序の確認にあたって、近隣の村の者が間に入って取りなすことは中世にも広く行なわれており、この点は中世からの連続性を示しています。

③文書に2回「従来通り」の語が出てくるように、ここで確認された秩序は、このとき新たに形成されたものではなく、従来からの、すなわち戦国時代以来の秩序を再確認したものでした。この点にも、戦国時代と江戸時代の連続性を認めることができます。

④とはいえ、ここでその秩序が文書によって確認されたことには大きな意義があります。この文書は、野中村に残る水利関係の最古の文書です。これ以前に水利秩序が形成されていたとはいえ、それが文書によって確認されたのは、このときが最初だと思われます。中世の不文律が初めて文字化されたのです。

この文書は、複数の写しが作られ、こののち1670〜1680年代に野中村と軽墓村との間で起こった芦之池をめぐる争い（105ページ）において、野中村側の主張の正しさを示す証拠文書として用いられています。それだけ、村にとっては大切な文書だったのです。

●「検地があっても水利秩序は変更しない」との取り決め
——元和4年（1618）、野中村－藤井寺村

17世紀の溜池灌漑に関して、次に元和《げんな》年間の様相をみてみましょう。

元和4年（1618）に、藤井寺村の領主の役人である小沢清兵衛《おざわせいべえ》が、野中村の耕地のなかに水路を新設し、それを使って野中村で余った水を藤井寺村の溜池に引水することにしました。野中村では、水路の敷地として土地を提供した代わりに、藤井寺村の田1反を受け取りました。

その際、野中村の庄屋《しょうや》・年寄《としより》（庄屋を補佐する村役人）から藤井寺村の庄屋・惣百姓《そうびゃくしょう》（村の百姓全員）に宛てて、今後、検地《けんち》（領主による村の土地の測量調査）が実施されるなどの新たな事態が発生しても、互いに今回の取り決めを順守する旨の証文《しょうもん》を差し出しています。ここからも、17世紀初頭に、領主の主導で村内の水利施設が整備されていることがわかります。このような過程を経て、江戸時代の水利秩序の大枠が形成されていくのです。

また、この証文で、今後検地があっても今回定めた水利秩序は変更しないとされている点にも注目してください。江戸時代の初期において、土地の売買や質入れの際に作られた証文に、以後検地があってもこの証文が有効である旨を示す文言が記される

例が数多くみられます。ここでの事例もそれと似ていますが、ここでは水利秩序に関わって検地が問題にされている点に特徴があります。

新たに検地が実施されると、それまでの耕地の権利関係に変更が生じ得るだけでなく、従来の水利関係までも改変される可能性がありました。それだけ、村にとって検地は一大事だったのです。ここから、検地など江戸時代初期の領主の施策が地域秩序に与えた影響の大きさがわかります。

しかし、見方を変えると、この証文には、以後検地があっても現行の水利秩序は変更しない旨が記されているのであって、そこに検地のような外からのインパクトに対して、あらかじめ対策を立てて混乱を防ごうとする村々の側の主体性を読み取ることができます。

●従来の水利秩序の維持こそが「善」——元和7年（1621）、野中村vs軽墓村

元和7年（1621）に、野中村の惣百姓が、芦之池に関して、領主である狭山藩に次のように訴え出ました。なお、訴えられた軽墓村はこのとき幕府領で、代官五味《ごみ》金十郎《きんじゅうろう》が管轄していました。

芦之池はもともと野中村の池でしたが、軽墓村がその一部を埋め立てて田に

してしまいました。野中村から抗議しても、聞く耳をもちません。野中村は用水が不足がちの村で、近年もご領主様に溜池を多数造成してもらったところです。それなのに、従来からある池を埋め立てられたのでは迷惑です。また、「池守《いけもり》」（溜池の管理人）を2人置いて、村で定めた利用規則にのっとった用水管理をさせてきました。ところが、軽墓村が勝手な不法行為をはたらいているのです。

また、幕府代官五味金十郎様の手代《てだい》（代官の下役）浅井忠兵衛《あさいちゅうべえ》様は、来年の将軍上洛《じょうらく》（将軍が江戸から京都に来ること）の際に必要だという理由で、芦之池に棲《す》む魚を殺すことを禁じました（その理由ははっきりしませんが、魚を将軍の一行に献上するつもりでもあったのでしょうか）。

しかし、意図的に魚を獲らなくても、池から水を引くことによって池の水量が減少すれば、魚は死んでしまいます。したがって、魚を殺すなと言われれば、池から取水することができず、作付けもできません。

これではあまりに迷惑なので、狭山藩から代官五味金十郎様に掛け合ってください。芦之池の水は、野中村の800石余の耕地を灌漑し、さらに藤井寺村も利用しています。そこで、今後のためにもぜひ善処してくださるようお願いします。

野中村は、軽墓村の村人とその領主（幕府代官）が、ともに芦之池をめぐって野中村に迷惑をかけているため、野中村の領主である狭山藩に対して、領主間交渉によって問題を解決してくれるよう願っているのです。

この文書で、野中村は、軽墓村や代官の行為を、野中村で定めた利用規則に反する、前例のないものだと批判しています。そして、従来通りの状態を回復するよう求めているのです。ここにみられる、従来の状態の維持・継続こそ正しいあり方だとする考え方は、のちの時期にも引き継がれていきます。現状維持こそ善なのです。

また、この文書に差出人として署名しているのは、村役人ではなく、惣百姓です。そこに、ここでの主張が村の百姓全員の総意だということを強調しようとする意図が込められているのです。

●村同士による水利秩序の詳しい取り決め――寛永8年（1631）、野中村―藤井寺村

寛永《かんえい》8年（1631）7月に、今度は野中村と藤井寺村との間で、溜池の譲渡をめぐって次のような内容の取り決めがなされました。

①野中村の飛ケ《とびが》城池《しろいけ》・今池《いまいけ》という2つの池（221ページの地図参照）を、このた

び野中村から藤井寺村に譲渡《じょうと》する。
②今後、藤井寺村で池の修復工事をする際には、野中村の領域内において、藤井寺村の都合のよい場所から、工事に使う土などを取ってかまわない。
③野中村では、自村で余った水が順調に2つの池に流れ込むよう配慮する。その見返りとして、従来通り毎年1石5斗ずつの米を、藤井寺村から野中村に渡す。もし渡さなかった場合には、池を取り上げられてもかまわない。
④池に通じる水路に生えた草は、藤井寺村で刈り取る。
⑤藤井寺村が池から取水するときは、藤井寺村で水門を開けて水を引く。
⑥今後、検地や領主の交代など、どのような新たな事態が起ころうとも、ここで取り決めた内容に変更はない。

この取り決めは村同士が行なったもので、領主は関与していませんが、この事例からも、江戸時代初期に水利秩序の変更・確認がなされていることがわかります。ここで、野中・藤井寺両村は、池の譲渡だけでなく、その後の水利用のあり方や、用水路の保守方法などを詳しく取り決めているのです。

また、先にみた元和4年の野中・藤井寺両村の取り決め（99ページ）と同様に、ここでも、今後検地があっても取り決めた内容は変更しない旨の文言が記されています。

村々の側では、検地を重大な出来事として強く意識しつつも、他方で検地があっても村の取り決めはあくまで守り抜くというしたたかさをもっていたことがわかります。

なお、この取り決めは古室《こむろ》村の四郎兵衛《しろべえ》が間に入ってとりまとめており、近隣の村人が仲介している点は、慶長15年の軽墓・野中両村の取り決め（96ページ）の場合と同様です。

寛永8年の取り決めから140年ほどたった明和《めいわ》7年（1770）2月に、藤井寺村と隣村岡村との間で、飛ヶ城池を藤井寺村の溜池とする旨の文書が取り交わされています。飛ヶ城池はすでに寛永8年に藤井寺村のものになっていたのですが、その藤井寺村の権利が明和7年に再確認されているのです。寛永8年の取り決めは、それだけで以後周辺地域で永続的な効力をもつというわけではなく、必要に応じて随時再確認されるべきものだったのです。

この事例に限らず、江戸時代の所有権とは観念的な権利ではなく、実際にそこを利用しているという事実の裏付けがあってはじめて認められる権利でした。利用の事実が常に再確認される必要があったのです。その意味では、今日の「地上げ」とか「土地ころがし」といった、実際の土地利用とは無縁の利潤獲得のための土地売買などは起こり得なかったのです。

●江戸初期の水争いの「証拠文書」に従った判決下る

——延宝5～6年（1677～78）、野中村vs軽墓村

さて、芦之池のその後をみてみましょう。延宝《えんぽう》5年（1677）に、検地が実施されました。そのとき、軽墓村が、芦之池は野中村との共有の池だと主張して、芦之池は自村のものだと主張する野中村との間で訴訟になりました。この争いは、翌延宝6年3月に、野中村の勝訴となりました。従来から芦之池は野中村のものであり、軽墓村はその水を使わせてもらっているだけだと判断されたのです。そして、従来通りの利用秩序の順守が命じられました。

このような判断の根拠となったのは、野中村が所持していた慶長15年（1610）の文書でした（96ページ）。中世における古老の証言に代わって、証拠文書の有無が判決を左右する時代になったのです。

その後、貞享《じょうきょう》2年（1685）と同5年（1688）にも、野中・軽墓両村の間で水争いがありました。貞享5年の訴訟は、軽墓村が芦之池の水を横領したかどうかをめぐるものでした。このとき、野中村では、慶長年間に定められた用水利用秩序について説明し、それを示す証拠として、前記の慶長15年の文書を所持していることを強調しています。ここでも、慶長15年の文書が、野中村の主張の正当性を示すものとして使われているのです。

このように、芦之池の用水利用慣行を文章化した慶長15年の文書は、17世紀後半の訴訟において繰り返し証拠として持ち出され、重要な役割を果たしました。江戸時代初期の文書が、判決を左右したのです。

ただし、芦之池という同一対象をめぐって争いが繰り返されたことからわかるように、一回確認された秩序が必ずしも永続的な効力をもつとは限りませんでした。この点も、江戸時代の水利秩序の特徴としておさえておきたいと思います。権利は、現実の利用実態をふまえて、絶えず確認されねばならなかったのです。

その後、元禄《げんろく》13年（1700）には、芦之池は野中・軽墓両村の共有の池になりました。詳しい事情はわかりませんが、野中村が軽墓村に一定の譲歩をすることで、繰り返される争いに終止符を打とうとしたのかもしれません。そして、最終的には、池の中に堤を築いて、両村で池を物理的に二分することになりました。

二　川の水資源をめぐる争い

●王水井路《おうずいいじ》から取水する「王水樋《ひ》組合」のはじまり

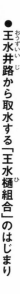

ここまで溜池灌漑について述べてきましたが、今度は河川灌漑に目を転じてみましょう。

現在の藤井寺市を中心とした地域における、戦国時代の河川灌漑の状況はよくわかりません。後年の文書から、その片鱗《へんりん》が窺《うかが》えるだけです。その文書とは、寛文《かんぶん》12年（1672）閏《うるう》6月に、志紀《しき》小山《こやま》村の名主《なぬし》の六兵衛《ろくべえ》が、幕府の大坂町奉行所に提出したものです。その内容は、次のようなものでした。

王水樋《おうずいひ》組合7か村は、古くは皆、誉田《こんだ》八幡宮の領地でした。そして、八幡宮に長く仕えてきた家来《けらい》7人が、八幡宮から各村の名主《なぬし(みょうしゅ)》に任命され、この7人の名主によって王水井路の基本的なあり方が定められました。渇水の際には、名主たちが相談して、村々への用水の分配方法を取り決めました。それを継承して、寛文12年に至るまで渇水時の水の分配は名主たちが行なっています。

毎年2月の最初の辰《たつ》の日（江戸時代には、すべての日に子《ね》から亥《い》までの十二支《じゅうにし》が割り振られていました）には、名主たちから八幡宮に酒や「かます」（藁《わら》むしろで作った、穀物などを入れる袋）に入った穀物をお供えしました。

また、8月15日には、八幡宮の祭礼で神輿《みこし》を担いだり、鉾《ほこ》・太刀《たち》などを持ったりする者への手当や、名主たちが八幡宮の「たらり堂」に集まって王水井路に関する相談をしたときのお茶代などとして、名主たちから八幡宮に米3斗6升を納める決まりでした。

ところが、7人の名主のうち、古室・沢田・林3か村の3人については、80〜90年前（1580〜1590年代）に家が断絶してしまいました。藤井寺村の名主も、家が絶えました。南岡《みなみおか》・北岡《きたおか》両村の名主は、40〜50年前（1620〜1630年代）に、小山村の又助《またすけ》と又右衛門《またえもん》に名主の地位を譲りました。そして、今では、王水井路についての古くからの定めを伝えているのは、私六兵衛ひとりになってしまいました。


ここに出てくる誉田八幡宮とは、誉田村にある応神陵古墳（応神天皇陵）に隣接していて、応神天皇を祀《まつ》っている神社です（90ページ図6参照）。この地域一帯には、多数の古墳が点在しているのです。

この文書からは、①王水樋組合は戦国時代にはすでに成立していたこと、②その成立には誉田八幡宮が深く関与しており、用水組合が宗教的色彩を濃厚にもっていたこと、③用水の管理は、八幡宮から任命された各村1名ずつの名主が行なってきたが、彼らの大半は17世紀初期までにその地位を失ったこと、などがわかります。

王水井路は、途中で八幡宮の境内《けいだい》を通って下流の村々へと流れており、八幡宮は用水の守護神として、中世には用水に対して強い影響力をもっていたのです。前述したように、ほかの地域においても、用水と寺社は深いつながりを有していました。

この文書では、王水樋組合を構成しているのは、古室・沢田・林・藤井寺・北岡・南岡・小山の7か村となっています。けれども、18世紀以降の王水樋組合は、前述のように、誉田・道明寺・古室・沢田・林・藤井寺・岡・小山の8か村からなっていました（この8か村を王水樋組合の構成村とする最初の史料は、承応《じょうおう》3年〔1654〕のものです）。

つまり、17世紀前半までは、王水樋組合に誉田・道明寺の両村が含まれないことがあったのです。また、岡村という1つの行政単位のなかに含まれる北岡・南岡の2集落（186ページ参照）が、それぞれ1か村と数えられています。ここから、王水樋組合が戦国時代にすでに成立していたとはいっても、その構成村については、18世紀以降と比べて若干の異同があったことがわかります。

また、この文書には、名主が戦国時代以来、王水井路の管理をしていると記されています。ただし、この名主とは別に、各村には村の最高責任者としての庄屋が置かれていました。つまり、ここでいう名主とは、庄屋とは別個の存在であり、江戸時代の村役人としての名主ではなく、用水管理の専任担当者だったのです。

そして、名主は、1680年代以降、史料上から姿を消してしまいます。寛文12年の時点ですでに7人から3人に減り、しかも3人とも小山村に集中するというように変則的なかたちになっていた名主は、17世紀末にはその固有の役割を終えたのです。それ以後は、王水井路の維持・管理は庄屋・年寄などの村役人を中心とした村人たちによって担われていくことになりました。神社の用水から村々の用水への変化といってもいいでしょう。村人たちが、用水の維持・管理の主体としての地位を明確にしていったのです。そうした変化の過程を、次にみていくことにしましょう。

●王水樋組合に関する最古の文書──寛永4年(1627)、寛永9年、古室村vs誉田八幡宮

王水樋組合に関する最古の文書は寛永《かんえい》4年(1627)のものであり、次いで寛永9年(1632)のものがあります。この両年には、組合を構成する村の1つである古室村と誉田八幡宮との間で、用水の引き方をめぐる争いがあり、両年とも共通の争点をめぐって争われました。

ちなみに、当時、古室村の村高は310石で、そのうち200石が誉田八幡宮領、110石が幕府領であり、当時八幡宮の領地はこの200石ですべてでした。戦国時代には王水樋組合村々のすべてを支配していたとされる八幡宮も、江戸時代には領地が大幅に削減されていたのです。

寛永9年に古室村の村役人が作成した文書には、次のように述べられています。

①日照りのときには、誉田・道明寺・古室・沢田・藤井寺・岡・小山の7か村（ここには、林村が抜けています）の庄屋・百姓が誉田村に集まり、誉田八幡宮の神前でくじを引いて、村々が水を引く順番を決めるしきたりになっていた。

②村内で水を分配するときには、従来から村人の家を基準に分配してきた（水を入れる耕地の所持者が、どこの村の百姓かということを基準にしてきた）。古室村の耕地のなかには道明寺・沢田・林各村の百姓の所持地（これを「出《で》作地《さくち》」といいます）もあったが、出作地には古室村が水を引く番のときには水を入れさせない。道明寺・沢田・林各村が水を引く番になったときに、それぞれ各村からの出作地に水を入れるのである。

③反対に、古室村の者が沢田・林・藤井寺・小山の各村において所持している田（古室村からの出作地）には、古室村が水を引く番になったときに水を入れている。

④以上のことは、7か村に共通する以前からの先例である。この点に関しては、誉田八幡宮領・幕府領を問わず、古室村の百姓一同が同じ意見である。

以上が、古室村の主張です。古室村は寛永4年にも同様の主張をしているので、寛永4年と寛永9年の対立が同内容のものだったことがわかります。なお、当時、古室村の村高310石のうち200石余りが他村の百姓の出作地になっていました。

●用水に関して「属人主義」の古室村、「属地主義」の他の村々

こうした古室村の主張に対して、王水樋組合のほかの村々は、異なった認識をもっていました。寛永4年には、誉田・道明寺・藤井寺・岡の各村が、それぞれ八幡宮からの問い合わせに対して、自村が水を引く順番になったときには、自村の村人の所持地であろうと他村の百姓の所持地であろうと、差別なく水を入れている旨を回答しているのです。

古室村は、属人主義の立場に立って、古室村が水を引く順番のときには、自村・他村の別なく、古室村の村人が所持している耕地に水を入れるのが原則だと主張しています。これに対して、誉田村などは、属地主義の立場に立って、自村が水を引く順番のときには、自村の領域内の耕地に、その所持者が自村民か他村民かの別なく、同じように水を入れていると述べています。つまり、この争いは、番水のもとで、属人主義をとるか属地主義をとるかというものだったのです。

このように、取水方法をめぐって、古室村とほかの組合村々との間には認識の相違があり、八幡宮が後者の立場に立って古室村と争ったというのが、寛永4年と9年の

二度の争いだったのです。

つまり、本来なら古室村とほかの組合村々との間で争われるべき問題に、八幡宮が一方の当事者として登場し、村々の用水慣行の調査まで行なっているのです。ここから、寛永年間（1630年前後）においても、なお八幡宮が王水樋組合に対して一定の影響力をもっていたことがわかります。

しかし、他方で、こうした争いが起きるということは、八幡宮の領地でもある古室村の百姓たちが八幡宮の意向に従っていないことを示しています。また、八幡宮は独力ではこの問題を解決できず、古室村の一部を支配する幕府代官と協議しています。このことは、八幡宮の影響力の後退を物語っています。この争いの結末が気になりますが、残念ながらそれを示す史料は残っていません。

なお、寛永9年の文書からは、以下のこともわかります。

①王水樋組合の構成村が7か村だとしている点では寛文12年の文書（107ページ）と同じですが、どの村を構成村とするかについては両者の間に異同があります。このことは、17世紀前半の段階では、まだ構成村が確定していなかったことを示しています。

②日照りの際には、7か村の庄屋・百姓が八幡宮の神前でくじを引くとされているように、取水方法を取り決める主体は、もはや戦国時代以来の名主ではなくなっています。神前でくじを引くというように、用水と八幡宮の結びつきは存続しているので

すが、八幡宮の影響力の低下にともなって、八幡宮に任命された名主の影響力も低下しているのです。

●王水樋組合、組合外の村と対立する――寛永6年（1629）

この争いが未解決だった寛永6年（1629）4月に、7か村（この場合は、道明寺・古室・沢田・林・藤井寺・岡・小山が7か村とされており、誉田村が抜けています）の庄屋9名が幕府に、次のような内容の願書を差し出しています。

私ども7か村は先年より王水井路から取水してきましたが、王水樋（石川からの取水口に設けられた水門。一般に樋とは、開閉させて水を出入りさせる水門のことです）から石川の上流の厚味樋《ひ》までの間には、どこの村にも「かせ木」（水流を妨げる防御物）を1本も打たせませんでした。

ところが、今年新たに古市《ふるいち》村（現羽曳野市）が石籠《いしかご》（粗く編んだ長い籠の中に石などを詰めたもので、河川の護岸などのために用います）を川中へ突き出し、「かせ木」を打ったので、7か村がその撤去を求めました。すると、古市村では、これは領主である三好庄左衛門《みよししょうざえもん》様の手代《てだい》（家臣）の命令でしたことだと返答しました。

そこで、7か村から手代に掛け合いましたが、埒《らち》があきません。このままでは取水に支障をきたすので、古市村に石籠や「かせ木」を撤去するよう仰せ付けてください。

ここから、当時、組合内部の争いとともに、組合村々と外部の村との争いも発生していたことと、その際には古室村もほかの組合村々と歩調を合わせていたことがわかります。

この争いは、石籠や「かせ木」を設置して石川の水流を弱め水害を防ごうとする古市村と、水流が弱まることで石川から王水井路に流れ込む水量が減少するのを心配する組合村々との対立でした。治水を優先するか、用水の取水を優先するかの争いだったのです。

古市村にしてみれば、自村は王水井路からは取水していないのだから、治水を優先するのは当然だということになります。他方、組合村々にすれば、用水が十分に来なければ稲作に支障をきたし、これまた死活問題だということになります。水をめぐる問題は、各村にそれぞれ固有の事情と主張があり、どちらかが絶対的に正しいと決めにくい場合が多いのが特徴なのです。それだけ争いの根本的解決には困難がともないました。

このように、用水組合村々は、内部で争う一方、外部に対しては結束しました。そして、いずれの場合も、村が百姓たちの結集の単位になっていたのです。村内の百姓同士でも水をめぐる対立はありましたが、村人たちは他村に対しては一致団結したのです。

●上流の古室村、自村への流水量を勝手に増やす——承応3年（1654）、古室村vs小山村

承応《じょうおう》3年（1654）5月には、志紀・丹北両小山村の村役人が、古室村を相手取って、幕府に次のように訴えています。

①承応3年は渇水で、小山村は王水井路の最末端に位置することもあって、水不足のため田植えができません。そこで、ほかの組合村々に断ったうえで、石川の川床《かわどこ》を浚渫《しゅんせつ》して、王水井路への水の流入量を増やしました。それで、やっと少し水が来るようになりました。

ところが、古室村の誉田八幡宮領の百姓たちが、王水井路の上手の「御《お》旅《たび》所《しょ》」という、林村への支流（用水溝）の分岐点で、支流に設けられた堰《せき》（流水の分水などをするために、川の流れを遮《さえぎ》って作った構造物）を取り払って、支流に水が多く行くようにしてしまいました。そのうえ、水の番をしていた者に暴行を

はたらきました。そこで、小山村では、古室村の百姓の次兵衛《じへえ》と六兵衛《ろくべえ》を捕まえました。

②王水井路から古室・沢田・林3か村に水を引き込む用水溝が計3本あって、「三ツ溝《みつみぞ》」と呼ばれています。古室村の誉田八幡宮領の百姓たちが、今回新たに、三ツ溝のうち主に古室村に通じる1本を、3尺《しゃく》(約90センチメートル)深く掘り下げました。用水溝の水深が深ければそれだけ水量が増えて、古室村には多くの水が行きますが、その分ほかの村には水が来なくなります。

さらに、古室村の行為をみて、沢田・林両村も、それぞれ自村に通じる用水溝を掘り下げたので、小山村から両村に抗議しました。それに対する沢田・林両村の言い分は、「古室村が自村に通じる用水溝のみを掘り下げたので、われわれの村に通じる用水溝に水が来なくなってしまった。そこで、自分たちも用水溝を掘り下げただけである。古室村が元に戻すなら、われわれも元に戻そう」というものでした。

①、②で述べたような新規の行為をやめて原状を回復するよう、古室村に命じてください。小山村で田植えができるようにしていただきたいのです。

以上が、志紀・丹北両小山村の訴えの内容です。なお、この文書中にある「御旅所」は、図6（90ページ）で、誉田村の西側に「林村用水口御旅所」として記載されています。ここで、王水井路から支流（用水溝）が分かれていて、これは誉田村などの余り水の放出路であるとともに、古室・沢田・林各村の用水路となっていたのです。古室村では、石川の浚渫によって王水井路の流量が増えたのをみて、その水を支流のほうに引き込むために堰を取り払ったのでしょう。そのうえ、その下流の三ツ溝において、自村に通じる用水溝を深く掘り下げたのです。いずれも、自村に来る水量を増やすための措置でした。

この争いの結末は不明なのですが、寛永年間の争いに続いて、このときも古室村の先例に違反する行為が争いの原因となっていることがわかります。

●「村々は先例を順守すべし」——寛文9年（1669）、王水樋組合の最初の申し合わせ文書

こうした繰り返される争いを終息させるために、寛文《かんぶん》9年（1669）1月には、組合村々が、「樋の維持費用の負担方法をはじめ、用水利用に関しては、村々が互いに先例を順守する」ことを取り決めています。これは、王水樋組合村々が取り結んだ最初の申し合わせ文書ですが、その内容は以上の通りいたって簡単なものでした。用水組合のなかには、非常に詳細な水の配分規定を定めたところもありますが、王水樋組合においては、江戸時代を通じてそうした詳細な取り決めはありません。

寛文9年の申し合わせの内容は、文政《ぶんせい》3年（1820）に再確認されています（170ページ）。そのときも、「水は村々が順番に引き入れる」とされているだけです。つまり、通常は用水路の上流の村から順次必要量の水を取水していたのであり、それ以上の詳細な規定はなかったのです。普段はそれで十分なくらい、豊富な水量があったのでしょう。

村名	水掛かり高（石）	取水時間
誉田	350	15時0分8厘5毛
道明寺	59.1	2　5　4
古室	266	11　4　6
沢田	315	13　5　8
林	310	13　3　9
藤井寺	150	6　4　7
岡	250	10　0　7　8
志紀小山	714.1	30　0　8
丹北小山	366	15　8

表2　番水時の各村の取水時間

1時（とき）は約2時間

※『藤井寺市史』第2巻通史編2近世に所収の表をもとに作成

ただ、渇水時にはそれでは済まなくなります。そのときには、「番水」といって、村ごとに時間を決めて順番に水を引くことにしていました。先に述べた寛永年間の争いは、番水の方法をめぐるものでした。なお、番水が行なわれたときの各村の取水時間は、表2の通りです。村ごとに、用水を利用する耕地面積（水掛かり高）に応じて、取水時間が決められていることがわかります。

また、寛文12年（1672）11月の文書には、「王水樋から取った用水は王水樋組合7か村以外の村には利用させないのが原則だが、水が余った場合には下流の組合外の村にも使わせる」と記されています。

●誉田八幡宮、組合村々が無断で川幅を拡げたと訴える——寛文12年（1672）

寛文12年（1672）には、誉田八幡宮が王水樋組合村々を幕府に訴え出るという事件が起こりました。直接訴えられたのは、古室・沢田・林の3か村でしたが、藤井寺・岡・小山各村は古室村などの側に立ち、誉田・碓井両村は八幡宮の側に立ちました（碓井村は王水樋組合の構成村ではありません）。王水井路は誉田八幡宮の境内を通っていましたが、そのことがこの争いを引き起こす原因になったのです。

寛文12年閏6月の訴状にみる八幡宮側の主張は、「閏6月9日に、古室・沢田・林3か村の庄屋・百姓たちが、八幡宮に無断で、八幡宮の境内を流れる放生川《ほうじょうがわ》（王水井路のこと。放生川とは、仏教思想に基づいて、捕らえた魚類を放ち逃がす儀式を行なう川です。八幡宮は神社ですが、神仏習合によって、寺院の僧侶が管理運営に携わっていました）の川幅を切り拡げた。しかし、以前から川幅は決まっているので、こうした新規の行為はやめて、従来通りの川幅に戻すよう仰せ付けていただきたい」というものでした。

これに対して、古室村などの側は、「従来から、用水路の浚《さら》いや修復は毎年行なってきている。今年も、こうした先例にならって、水路に生えた木などの水流の障害物を撤去しただけである。そうしなければ田に必要な水が来ず、百姓たちが迷惑するただ。八幡宮側の言い分こそ新規の主張であり、従来通りにわれわれの主張を認めていただきたい」と訴えています。

翌寛文13年（1673）6月に、幕府の判決が出されました。判決内容は、「王水樋組合村々の大勢の百姓たちは、王水井路の川幅を切り拡げ、八幡宮境内の樹木を伐採した。また、石川から王水井路に水が流れ込みやすくするために、石川からの取水口前の川原の砂を掘っただけでなく、石川の川中に水を堰き止めるための土俵を積んだので、石川を航行する船の障害になった。これらの行為は、重々不届きである。よって、組合村々の庄屋たちを牢に入れる。以後、八幡宮の境内と誉田・碓井両村の領域内における王水井路の川幅は8尺（約2・4メートル）と定める」というものでした。

この争いは、八幡宮側の勝訴に終わったのです。この訴訟の経緯からは、以下のことがわかります。

①この争いは、王水樋組合村々と八幡宮とが、初めて正面から対立したものでした（110ページの寛永年間の争いは、八幡宮と古室村1村との対立でした）。寛文12年のときには、古室村の八幡宮領の百姓たちも、八幡宮境内の水路の樹木の撤去に参加していました。

また、名主六兵衛（107ページ参照）も、自分は八幡宮から名主に任命されたのだと認めながらも、この争いに関しては八幡宮の対応を批判しているのです。すなわち、組合村々は、一致して八幡宮と争ったのでした（ただし、誉田村のみは八幡宮側に付きました）。

そして、対立の基礎には、王水井路を村々の農業用水路だとする組合村々の側と、放生川という宗教的施設だとする八幡宮側との認識の相違がありました。組合村々は、豊富な水量を確保するためには、八幡宮の境内にまで立ち入って水路の整備をしてもかまわないと考えたのです。ここから、八幡宮が用水路全般を統括していた戦国時代までと比べて、八幡宮と組合村々との力関係が、大きく組合村々の側に傾いてきたことがわかります。

②争いの結果は八幡宮側の勝利となりましたが、判決において具体的に定められたのは王水井路の川幅のみであり、用水全般に関する八幡宮の権限が再確認あるいは強化されたわけではありません。そして、これ以後の史料のなかには、そもそも八幡宮の用水への関与を示す記述はみられなくなり、こうした争いも以後は起こっていません。これ以降、八幡宮が王水井路に関与できる範囲は、八幡宮の境内部分に限定されたと考えていいでしょう。

③この争いでは、互いに、自らが従来からのしきたりに従って行動しており、相手方こそ新規の行為をしているのだと主張しています。しかし、組合村々の側で先例と

しているのは、18年前（1655年頃）に誉田・碓井両村が自村領内の用水路に突き出すかたちで竹や木を植えたのを、組合村々が両村に無断で切り払っても問題とされなかったことと、それと同様のことが6年前（1667年頃）にもあったということです。ここで主張される先例とは、中世にさかのぼるようなものではなく、いずれも江戸時代に入ってからのものだったのです。17世紀は、用水に関する新たな先例がつくられた時代でした。

●組合7か村、水門を勝手に解放した最上流の誉田村を訴える——貞享3年（1686）

貞享《じょうきょう》3年（1686）6月、王水樋組合の7か村（この場合は、古室・沢田・林・藤井寺・岡・丹北小山・志紀小山各村）の庄屋11人が、幕府に、王水井路の最上流部に位置する誉田村の不法行為を次のように訴えています。

王水井路には、昔から誉田村の領域内において、蟻池《ありいけ》・小蟻池《こありいけ》という水門（樋）が、幕府の手によって設置されていました。ところが、5月20日に誉田村の百姓大勢が蟻池の水門を開放したので、水が残らず王水井路の支流（用水溝）のほうに流れ込み、本流の下手《しもて》（下流部）の田に水が来なくて困っています。

一方、古室・沢田・林各村へは、これまでも八幡宮御旅所《おたびしょ》（90ページの地図上の「林村用水口御旅所」)・蟻池から大量の水が流れ込んで困っていたところに、さらに今回蟻池の水門を開放されたので、田に余分な水が流れ込み作物が被害を受けて困っています。どうか、誉田村の百姓に、以後このようなことをしないように命じてください。

この件は、ほかに関連史料がないため、争点が今一つはっきりせず、結末もわかりません。それでも、推測も交えて、少し説明しておきましょう。

図6(90ページ)には、「御旅所」のやや下流に「古室村沢田村用水口蟻池」と記されています。ここが、蟻池です。その少し下流に「悪水樋藤井」とあるのが、「小蟻池」のことかもしれません。「悪水」とは、排水(余り水)のことです。

王水井路は、御旅所・蟻池・小蟻池(藤井)の3か所で水を分け、3か所で分かれた水はまた1本に合流して王水井路の支流(用水溝)を形成し、古室・沢田・林各村を灌漑していました。この支流は、3か村の用水路であると同時に、王水井路本流の余分な水を落とす排水路としても機能していました。

そして、本・支流それぞれの流量は、御旅所・蟻池・小蟻池の水門を開け閉めすることによって調節されていました。水門を開ければ支流に水が多く流れ込み、閉めれば本流の水量が増加したのです。

ところが、貞享3年には、誉田村が勝手に蟻池の水門を開けたため、本流の水が支流に大量に流れ込みました。そのため、本流から水を引く藤井寺・岡・丹北小山・志紀小山各村は水が来なくて困り、支流から水を引く古室・沢田・林各村は逆に水が来過ぎて迷惑したのです。

●17世紀、一般百姓も村の運営の担い手となる

ここまでみてきたように、17世紀は、用水に関する新たな先例がつくられ、領主や寺社勢力に代わって村々が用水管理の主役になった時代でした。用水利用の新たなルールが定まり、それが18、19世紀に継承されていったのです。

では、この時期、村の内部ではどのような変化が起こっていたのでしょうか。王水樋組合村々のひとつ、志紀小山村の場合をみてみましょう。

小山村（丹北小山村・志紀小山村）は、図6や表1（92ページ）にみる通り、王水井路の末端に位置していましたが、組合村々のなかでは村高・水掛かり高とも最大でした。また、先にみたように、17世紀後半には、用水の管理を行なう名主は3人とも小山村の者であり、同村は組合のなかでも重要な位置を占める村でした。

127ページの表3は、延宝《えんぽう》4年（1676）に志紀小山村の各戸がどれくらいの土地を所有していたかを示したものです。この表から、村内に土地を所有する52戸を所有

地の規模によってランク分けすると、どのような分布を示すかがわかります。

たとえば、所有地の石高（持高《もちだか》）1石未満の家が14戸あり、それはすべて志紀小山村の住民であったことや、対照的に126石を超える土地を所有する家が1戸だけあったことなどが読み取れます。

持高50石以上の家が4戸ある一方で、過半の村人は持高5石未満であり、明確な階層差が存在していています。経済的な有力者は、村役人を務めたり、村の神社の祭礼を主導したりと、村のなかで政治的・宗教的にも重要な位置を占めていました。

寛永《かんえい》16年（1639）には、庄屋の又助《またすけ》が、ひとりで同村の年貢関係事務を担当していました。それが、寛文《かんぶん》9年（1669）には、庄屋又助・同次郎兵衛《じろべえ》・年寄《としより》（庄屋を補佐する村役人）13名・小百姓《こびゃくしょう》（一般の百姓）6名が、同年の水害に際して、「領主から賦課《ふか》される年貢の額がいかほどであろうと、不公平なく村人たちに年貢を割り当てる」ことを取り決めています。庄屋がひとりで行なっていた年貢関係業務が、年寄・小百姓も参加するものへと変化していったのです。

また、天和《てんな》年間（1681〜1684）になると、村が、経済的に苦しい村人に対して、年貢を立て替えたり、金を貸したりするようになりました。村を代表して、実際に年貢の立替や融資を行なうのは村役人、とりわけ庄屋です。村には必ずしも豊富な村有財産があるわけではなかったので、村役人は、困窮している村人に私財を融資す

持高（石）	戸数（戸）	うち他村の者（戸）
0 ～ 1	14	0
1 ～ 2	9	2
2 ～ 3	3	0
3 ～ 4	2	0
4 ～ 5	2	1
小計	30	3
5 ～ 6	3	0
6 ～ 7	5	0
7 ～ 8	1	0
8 ～ 9	1	0
9 ～ 10	0	0
小計	10	0
10 ～ 11	1	0
11 ～ 12	1	0
12 ～ 13	0	0
13 ～ 14	1	0
14 ～ 15	0	0
小計	3	0
15 ～ 16	1	0
16 ～ 17	0	0
17 ～ 18	1	0
23 ～ 24	1	0
24 ～ 25	1	0
48 ～ 49	1	0
52 ～ 53	1	0
53 ～ 54	0	0
54 ～ 55	1	0
96 ～ 97	1	0
126 ～ 127	1	0
合計	52	3

表3　延宝4年(1676)の志紀小山村各戸の所有地の規模の分布

※佐々木潤之介「一七世紀中葉 畿内河内農村の状況」所収の表をもとに作成

ることも多くありました。そして、村役人のなかには、融資した金が順調に返済されなかったために、自らも経済力を低下させてしまう者も現れました。

17世紀を通じて、志紀小山村においては、村人の間に階層差が存在し続けましたが、17世紀前半の庄屋1人による村運営が、17世紀後半には小百姓も加わったものへと変わっていきました。それとともに、庄屋・年寄などの村役人は、村全体のための奉仕者という性格を強めていきました。私財を提供してでも、困っている村人たちを救うことが求められるようになったのです。また、村役人は、用水組合の運営主体でもあったので、ほかの村の村役人たちともつながりをもっていました。

17世紀における王水樋組合の村々の動向の背景には、このような村内部のあり方の変化が存在していたのです。小百姓たちは村内部での発言力を強めるとともに、村役人を通じて自らの利害を、王水樋組合の用水利用のあり方にも反映させていったのでした。その動きが、新たなルールに結実したのです。

第二章　江戸中期（18世紀）の水争い

王水樋組合村々の団結と対立

第一章でみたような過程を経て、18世紀には王水樋組合の秩序がほぼ固まりました。けれども、それは水争いの終息を意味したわけではありません。水不足などをきっかけとして、18世紀にもたびたび争いが起こりました。組合内部の村同士の争い、組合村々と組合外の村との争い、村々と個人との争いなど、多種多様な争いが起こったのです。百姓たちは、そのたびに一歩一歩、自主的なルール作りの努力を重ねていきました。

一　大和川の付け替えがもたらしたもの

●百姓が幕府に提案した大和川の付け替え工事

第一章では17世紀の様相をみてきましたが、18世紀に入ると状況はどのように変化したでしょうか。本章では、18世紀の王水井路についてみていくことにします。18世紀の冒頭における水利環境の大きな変化として、宝永《ほうえい》元年（1704）に幕府によって実施された大和川《やまとがわ》の付け替え工事があげられます。まず、この付け替え工事から話を始めましょう（中久兵衛『甚兵衛と大和川』）。

大和川は、奈良盆地の東、笠置《かさぎ》山地に源流を発し、奈良盆地を東から西へと横断したのち河内《かわち》国に入ります。そして、現在の大和川は、南から来る石川《いしかわ》と合流してから、西に流れて、堺の北で海に注いでいます（図7）。ところが、17世紀の大和川は、石川との合流後、北または北西に幾筋にも分岐しつつ流れ、大坂の東で淀川《よどがわ》と合流していたのです（133ページの図8）。それが、宝永元年に、石川との合流点において流路を西に付け替えられて、現在の姿になったのです。

17世紀の状況をみると、石川との合流点より下流の沿岸地域には低湿地が多く、村々は洪水のたびに大きな被害をこうむっていました。さらに、上流の山間部から流れ出た土砂が川底に堆積《たいせき》して、大和川はしだいに天井川《てんじょうがわ》（川床に多量の土砂が堆積し、川床が付近の平野面より高くなった川）となり、堤防の決壊時にはますます被害が大きくなっていきました。

そのため、下流の村々からは、抜本的な治水対策を望む声が高まりました。その先頭に立ったのが、大和川の下流域に位置する河内国河内郡今米《いまごめ》村（現大阪府東大阪市）の庄屋中甚兵衛《なかじんべえ》（1639～1730）でした。

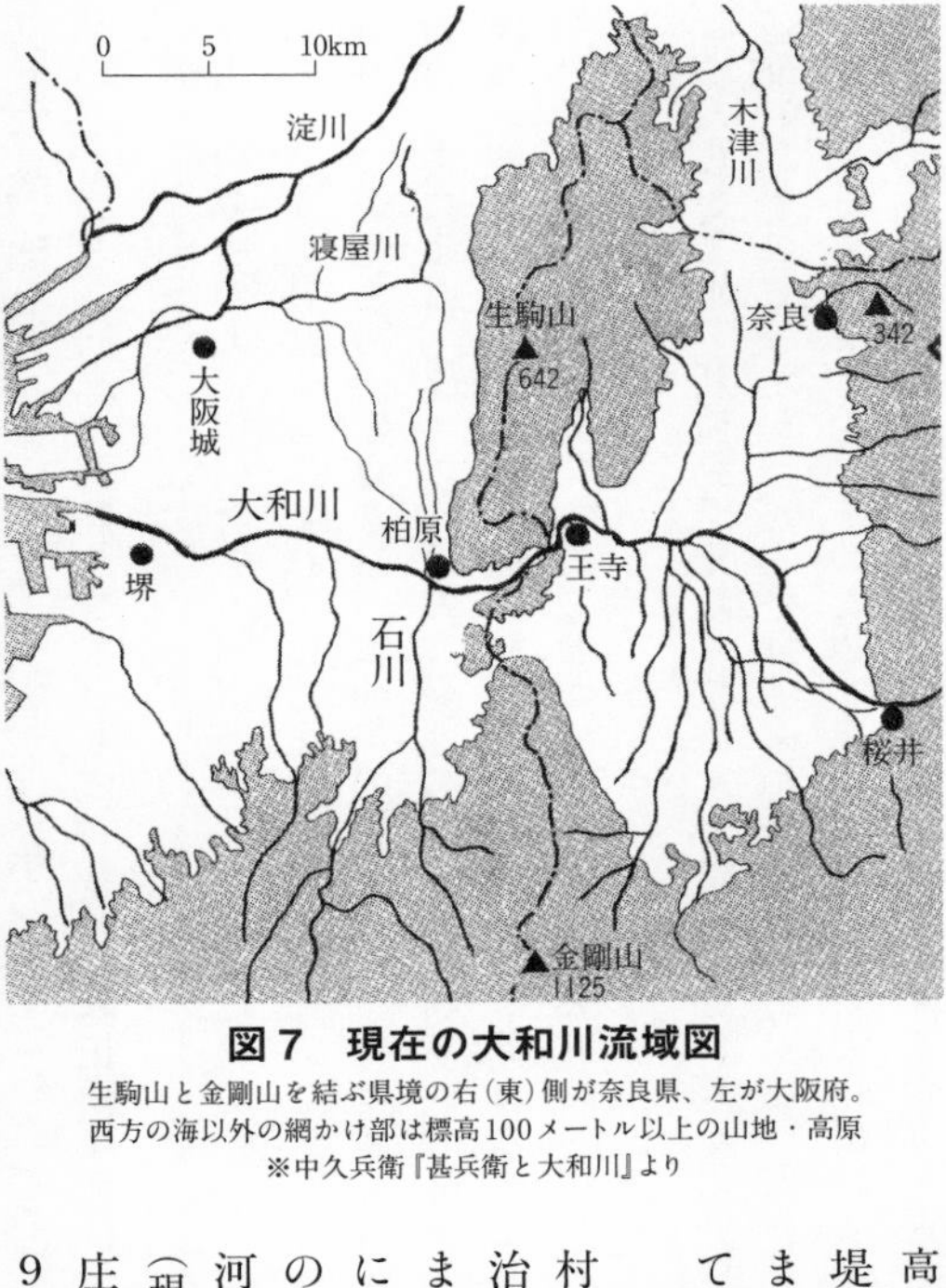

図7　現在の大和川流域図

生駒山と金剛山を結ぶ県境の右（東）側が奈良県、左が大阪府。
西方の海以外の網かけ部は標高100メートル以上の山地・高原
※中久兵衛『甚兵衛と大和川』より

す。

甚兵衛は、明暦《めいれき》3年（1657）から、16年の長きにわたって江戸に滞在していましたが、このとき同志の百姓たちとともに、幕府に直接嘆願《たんがん》を行なったものと思われます。

当時の幕府の大和川に対する治水方針は、強固な堤防を築いて洪水を防ぐというものでしたが、甚兵衛らはそれでは万全な対策にはならないと考えていました。その代わりに、石川との合流点から、大和川の流れを西に付け替えることを提案したのです。百姓たちによる、まったく新たな発想による治水プランの提示でした。甚兵衛たちは、流路の変更によって、下流域の村々や大坂が水害を免《まぬが》れるとともに、従来の川床や周辺の低湿地を耕地に開発することができ、それは幕府の年貢収入の増加にもつながると訴えました。

これに対して、新流路予定地に位置する村々は、耕地が川底になってしまうことに猛反対しました。また、河内平野は南が高く北が低くなっており、川や用水路は南から北に流れていました。そのため、東西に流れる新大和川によってそれらの流路が分断されると、新大和川以南の地域は水害に遭いやすくなり、逆に以北の地域は水不足になることが懸念されたので、それも付け替え反対の大きな理由になりました。

17世紀後半には、付け替え賛成派村々と反対派村々が、それぞれ幕府への嘆願を繰り返しました。賛成派の村々は貞享4年（1687）には270か村にのぼったと推定され、一方、反対派の村々も30か村前後におよびました。それぞれ、地域をあげての嘆願運動だったのです。

元禄《げんろく》16年（1703）5月には、河内国志紀・丹北《たんぼく》両郡と摂津《せっつ》国住吉《すみよし》郡の30か村が、大和川付け替え反対の訴訟を起こしています。この訴訟には、現藤井寺市域では舟《ふな》橋《はし》・北条《ほうじょう》・大井《おおい》・沢田・林・小山・津堂《つどう》各村が加わっていました。王水樋組合村々の

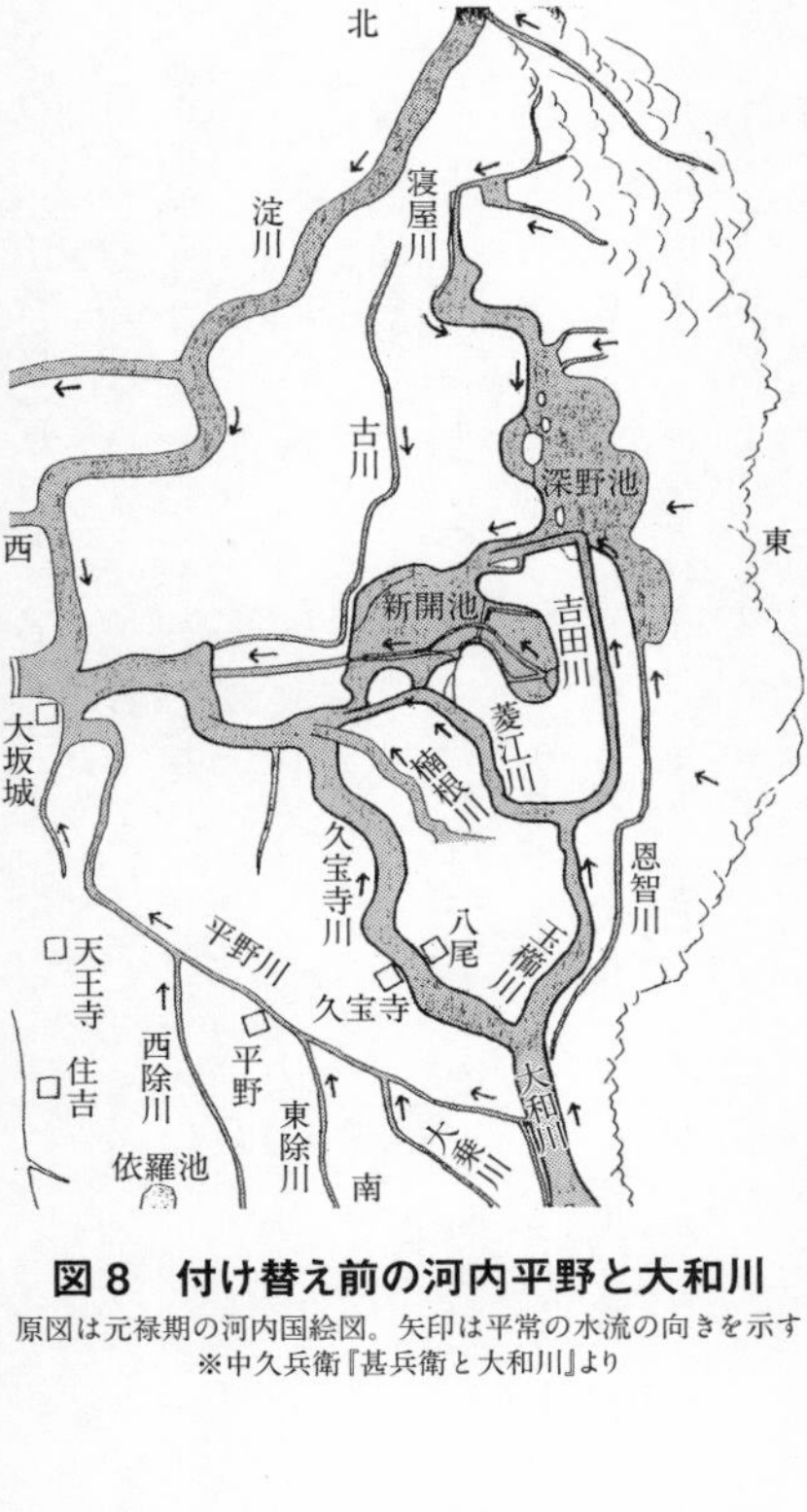

図8　付け替え前の河内平野と大和川

原図は元禄期の河内国絵図。矢印は平常の水流の向きを示す
※中久兵衛『甚兵衛と大和川』より

うち、沢田・林・小山各村は反対派に名を連ねていたのです。

幕府も、双方の主張にそれぞれ一理あるため、なかなか結論を出せませんでしたが、付け替え運動の開始から半世紀近く経った元禄16年10月に、ついに付け替えを正式決定しました。

●大和川付け替えの光と影

工事は、宝永元年（1704）2月に、幕府の統括のもとで、姫路藩が工事を担当するかたちで開始されました。途中、担当の大名が岸和田藩などに交代しましたが、工事は続けられ、同年10月に完成しました。新しい大和川（新大和川）は、石川との合流点付近の舟橋村の前から海まで15キロメートル弱の長さでしたが、この間の工事を8か月足らずという短期間で竣工《しゅんこう》させたのです。

付け替え工事に当たった人足《にんそく》（土木作業員）は延べ286万人、1日当たり1万2800人にのぼったと推定されています。要した費用は、7万1500両にのぼりました。

中甚兵衛ら数人の百姓は、幕府役人のもとで付け替え工事の御用に携わりました。また、実際の工事は、幕府や藩から、新大和川筋周辺の有力百姓が請け負って、それをさらに大坂市中の土木業者などに下請けに出すというかたちで進められました。さらに、新川筋周辺の百姓たちは、工事に働きに出て賃金を得たり、遠方からやってきた人足の宿を提供したりもしました。このように、工事の実施過程では、百姓たちがさまざまなかたちで積極的な役割を果たしたのです。付け替え反対派の村々も、付け替え決定以降は、工事の請負その他でいくらかは潤ったのでした。

　とはいえ、新大和川の流域となった村々は、北部では用水不足、南部では排水不良のため苦労することになりました。また、正徳《しょうとく》６年（＝享保《きょうほう》元年、１７１６）には、豪雨により新大和川と石川の合流点付近で堤防が決壊し、流域の村々が大きな被害を受けました。付け替え反対派の村々の不安は、杞憂《きゆう》ではなかったのです。他方、旧川筋の村々は水害の危険から解放され、約１０００町にもおよぶ新田が開発されて、大いに利益を得ました。

　このように、大和川の付け替えは、光と影の両面をともないつつ実施された大工事だったのです。そして、この工事は、幕府が上から一方的に立案・強行したものではありませんでした。付け替えは、村々の側が提案したのです。幕府は、賛成派・反対派の主張を慎重に吟味《ぎんみ》し、その利害得失について時間をかけて検討したうえで、ついに付け替えに踏み切りました。付け替え工事の過程でも、百姓たちは現地において、さまざまなかたちで実際の工事に関わりました。付け替え反対派の主張は結局通りませんでしたが、結果はともあれ、このような大工事の全過程にわたって、百姓たちが積極的に自己主張していたことは注目に値します。技術力の問題だけでなく、地元住民の意向に配慮することによってはじめて大工事が可能になったのです。

●大和川の付け替えがもたらした大洪水

大和川付け替えの結果、王水井路は、新大和川によって、小山村の北で流路を分断されることになりました。また、王水樋組合村々のうちもっとも下流に位置する小山村は、村の領域の一部を新大和川が通ることになったため、耕地が新大和川の南北に分かれてしまいました。新大和川の北側の耕地に行くには、船で川を渡らなければならなくなったのです。ほかにも、大井村など数か村の耕地の一部が河道《かどう》にされました。

この大工事によって、王水井路も若干流れを変えざるを得ませんでしたが、組合村々のまとまりはかろうじて維持されました。そして、前述した寛文9年（1669）の申し合わせ（118ページ参照）は、以後も効力をもち続けたのです。

享保元年（1716）6月20日には、新大和川の大洪水が起こりました。このとき、国《こう》府村と舟橋村との境の堤が決壊して、国府・舟橋・北条・大井・小山・津堂・道明寺の各村が水害に遭いました。

そこで、享保10年（1725）には、前記の村々を含む11か村が、国府村から小山村までの新大和川南岸の堤防補強工事を国役普請《くにやくぶしん》（幕府が実施する大規模治水工事）で行なってほしい旨を、堤奉行《つつみぶぎょう》（国役普請で維持する河川を管理するために、大坂におかれた幕府の役職）に願って認められました。

宝永元年の大和川付け替えは、流域の水害を防ぐとともに、新田開発を促進するというプラスの効果をもった反面、付け替えによってかえって水害の危険性が増した地域もあったのです。石川との合流点において大和川が急角度で曲げられたことにより、合流点付近の堤防がとりわけ決壊しやすくなったのです。大和川の付け替えという江戸時代屈指の大土木工事には、光と影の両面が付随していました。

二　争いつつ結び合う村々

●村々の訴えは、内容によって異なる奉行所に持ち込まれた

ここで、王水樋組合に視点を戻しましょう。

享保元年（1716）、碓井《うすい》村の願い出により、同村に面した石川の川中に鯰尾堤《なまずおづつみ》という堤防が造られました。それにともなって、王水樋前における石川の流れも変わりました。それまでは石川の水を取水口へ直接引いていたのが、鯰尾堤に覆われて取水

口に水が来にくくなってしまったのです。そこで、以後は、川中に堰を造ってそこで水流を曲げて取水するようになりました。

寛延《かんえん》2年（1749）には、王水樋組合村々が碓井村に対して、王水樋前の鯰尾堤の末端の土砂・石籠《いしかご》（木や竹を籠状に編んだ中に石を詰めた、治水用の構造物）を撤去するよう要求しました。ここで問題になっている土砂は自然に堆積したもので、石籠は領主の工事で設置されたものでした。いずれも、碓井村の責任ではありませんでしたが、王水樋組合村々は、これらを除去しないと、王水樋からの取水に支障が出ると主張したのです。

ところが、碓井村がこれらの除去に同意しなかったので、組合村々は幕府の堺奉行所に願い出ましたが、取り上げてもらえませんでした。そこで、今度は幕府の堤奉行所に嘆願しました。すると、堤奉行所の担当役人が現地を検分したうえで、20間《けん》（約36メートル）の堤防部分を除いて、土砂と石籠の撤去が命じられました。組合村々では、その旨を堺奉行所に報告しています。

当該《とうがい》地域のように、複数の領主が錯綜《さくそう》して村々を支配しているところでは、用水をめぐる村々の争いに複数の領主が関係することになります。そして、領主の異なる村々が争った場合には、訴訟は幕府に持ち込まれます。しかし、幕府の担当部局も一元化してはいませんでした。

まず、享保7年（1722）9月に、河内国の村方《むらかた》に関する訴訟の担当役所が、京都町奉行所から大坂町奉行所に変わりました。また、石川と大和川は堺奉行所の管轄になっていました。さらに、両河川は国役河川《くにやくかせん》（国役普請によって維持される河川）に指定されていたため、その普請については大坂の堤奉行所が取り扱っていました。

このように、河内国の河川管理には、大坂（京都）町奉行所・堺奉行所・堤奉行所といった複数の幕府役所が関わっていたため、村々からの訴えはその内容によっていずれかの役所に対してなされました。村々は、どういう場合にどこへ願い出ればよいのか、完全に理解していたわけではありませんでした。そのため、はじめ堤奉行所に願い出たものの、堤奉行所で堺奉行所へ行くように指示されて、そちらへ出直している例もあります。

一方、各役所の役割分担は、必ずしも明確に決まっていたわけではありませんでした。そこで、村々の側も、願いを聞き届けてくれそうな役所を選んで願い出ることがありましたし、それでもだめなら江戸の評定所《ひょうじょうしょ》（現在の最高裁判所にあたる幕府の機関です）に訴え出ることも辞さないといった、したたかさを持ち合わせていました。

ここでみた寛延2年の事例では、訴えは堺奉行所から堤奉行所へと回されましたが、堤奉行所の判断の結果は堺奉行所にも報告されているのです。この争いは、さらに尾を引きました。

●用水優先の王水樋組合と、治水優先の他村の争い――宝暦2年（1752）、宝暦4年

宝暦《ほうりゃく（ほうれき）》2年（1752）には、碓井村が幕府に、「鯰尾堤から7、8間（1間は約1・8メートル）下手《しもて》に、長さ12間にわたって棚牛《たなうし》と石籠を、幕府の費用負担によって設置してください」と願い出て認められました。

棚牛とは、水中に置いて流水の方向を変えることで堤防を保護するための構築物で、木材などで三角形に枠を組んだものを横につなげて組み立てて、そのなかに蛇籠《じゃかご》（石籠）を重りとして入れたものです。

これに対して、王水樋組合村々では、「棚牛を設置されては、王水樋からの取水の支障になります。どうしても設置するのであれば、われわれが昔からやってきたように掘割《ほりわり》を許可してくださるか、それが無理なら、取水口から棚牛の上手まで伏せ越しをさせてください」と、幕府に願い出ています。

掘割とは、河道の一部を取水口（樋）に向けて掘り下げて、取水口への水流をスムーズにすることです。また、伏せ越しとは、河川の地下に木製の通水管を埋設し、そこを通して水を確保することです。

つまり、碓井村では、石川の氾濫から村を守るために、鯰尾堤に続いて、さらにその下流に棚牛を設置しようとしたのです。堤防とそれを保護する棚牛によって洪水

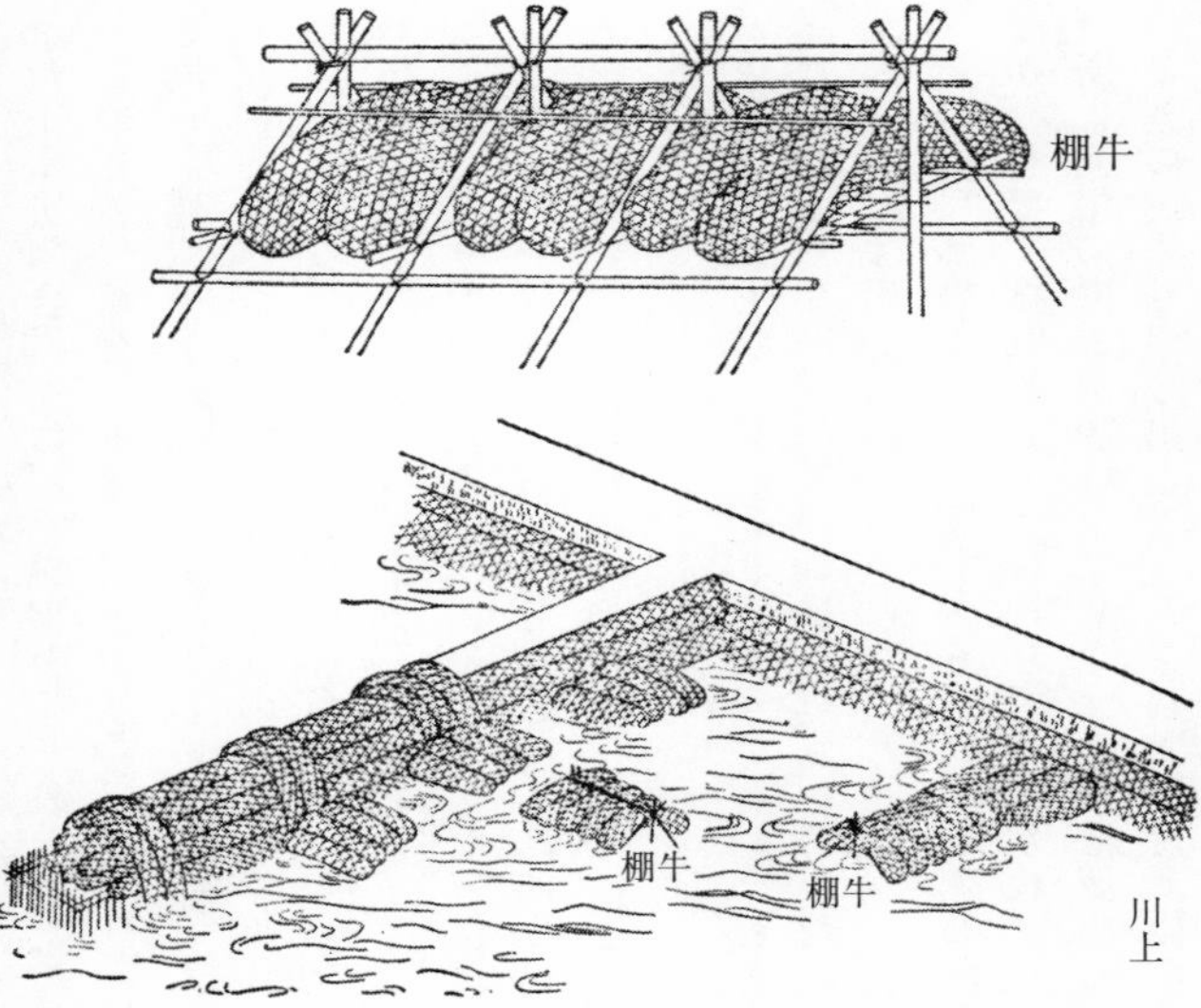

図9　棚牛

※大石久敬『地方凡例録』巻之九上より

を防ごうというのであり、治水優先の発想です。

これに対して、王水樋組合村々では、棚牛の設置をやめるか、さもなければ掘割か伏せ越しを認めるよう主張しています。川底の一部を取水口に向けて深く掘るか、棚牛の下にトンネルを通してそこから取水口に水を引くかして、用水を確保しようというわけです。こちらは、用水優先の発想です。

石川に近い碓井村は氾濫を警戒し、石川から離れた王水樋組合村々は用水確保を第一義としたのです。

このとき、組合村々は、「棚牛など設置されては、3000石余りの田に用水が行き渡らず迷惑である（①）。また、鯰尾堤に関しては、すでに寛延2年（1749）にも同様の争いが起こっており、そのときはすぐに碓井村に土砂・石籠の取り払いが命じられている。それにもかかわらず、またもや今回のようなことをされては、前回願い出た意味がない（②）」と主張しています。

①は当たり前の主張のようにみえますが、江戸時代の水争いが抽象的な権利関係をめぐるものではなく、百姓たちにとっては稲作の成否に関わる現実的大問題だったことを示しています。百姓たちの権利の主張は、実際の用益事実と不可分に結びついていたのです。

②の部分からは、18世紀においても、いったん幕府の判決が出たにもかかわらず、また似たような内容の争いが繰り返されていたことがわかります。碓井村にとっても、水害の防除は死活問題なのでした。

この件については、宝暦2年6月に、堤奉行所から、渇水の際は棚牛の下を掘り通すかたちで、掘割をしてよい旨が言い渡されました。このとき、組合村々では、堺奉行所に棚牛の撤去を願い出ました。これは認められず、後日棚牛が取水の支障になったときに改めて申し出ることとされました。棚牛の設置と掘割の両方を認めることで、対立する双方の顔を立てようというわけです。

その後、宝暦4年5月には、王水樋組合8か村の村役人が、堺奉行所に次のように願い出ています。

碓井村の棚牛が王水樋からの取水の妨げになっているので撤去してほしい旨を、組合8か村から堤奉行所に願い出ました。すると、「その件は、堺奉行所の指示を仰ぐように。用水については、蛇籠の一部を抜き取って取水すべし」と言い渡されました。そこで、蛇籠を少々抜き取りましたが、棚牛があっては渇水の際の掘割の支障になるので、棚牛を撤去してください。

碓井村の棚牛は、一昨年新たに設置されたものにすぎません。昔からのしきたり通りの姿に戻してくださるようお願いします。

ここで、組合8か村は、慣行尊重の立場から、碓井村の新規の行為を批判しているのです。この訴えを受けて、最終的には、宝暦4年6月25日に、堤奉行から碓井村に、棚牛を早々に取り払うよう命じられました。ここでも堤奉行所と堺奉行所の管轄範囲が重複しており、両者がこの争いに関与しているのです。碓井村はこの決定に対して、撤去を遅らせることで抵抗しましたが、同年7月には撤去が完了して一件は落着しました。

以上みたように、碓井村と王水樋組合8か村にはそれぞれ固有の、後には引けない事情がありました。どちらかが不当な主張をしているわけではないのです。治水も利水も、ともに切実な問題でした。そこに、水をめぐる争いの深刻さが存在したのです。

●用水路の付け替えを望む岡村を、丹北小山村が訴える——明和6年（1769）

明和《めいわ》6年（1769）1月21日に、丹北小山村の村役人が、岡村の庄屋・年寄と同村の定助《さだすけ》ら9人の百姓を相手取って、幕府に訴え出ました。定助ら9人は、岡村の入《にゅう》水《ずい》という字《あざ》に田を所有する百姓たちでした。字とは、村内の小地域のことです。丹北小山村の村役人の主張は、次の通りです。

岡村の入水にある1町5反の田には王水井路から水を引いていますが、その水は丹北小山村と岡村で半々に分けたうちの岡村分の水です。この方式は、明和3年（1766）8月に決められたものです。もっとも、入水の田に水が行き渡れば、あとの水は残らず丹北小山村が引き取っていました。

ところが、このたび、岡村が用水路を付け替えると聞いたので、それは新規の企てであり、丹北小山村の難儀になるのでやめてくれるよう、岡村の庄屋に掛け合ったのですが、承知してくれません。新しい用水路ができると、多量の水が無駄に漏れてしまい、大変困ります。そこで、岡村の者どもに、新たな用水路の付け替えをやめさせ、従来通りの用水路を使用するよう命じてください。

こうした丹北小山村の主張に対して、明和6年2月21日に、岡村の庄屋・年寄と入水に耕地を持つ者の代表2人が、幕府に次のように返答しています。

岡村では、以前は、王水井路の水をいったん岡村の字上今池《あざかみいまいけ》にある溜池に引いたうえで、入水の田を灌漑していました。明和3年に、この溜池を埋め立てて耕地にしたので、それ以来、王水井路の水を丹北小山村と折半することにして、その水を入水の用水として利用してきました。

しかし、それでは十分に水が確保できなかったので、明和5年6月に、幕府に願って（当時、岡村は幕府領でした）、用水路を付け替えることにしたのです。付け替え後も、丹北小山村とは水を半々に利用するわけですから、問題はないはずです。大量の漏水ということもありません。ですから、丹北小山村に付け替えの妨害をしないよう命じてください。

このように、水利施設の形態変更はトラブルの原因になりやすいものでした。形態変更する側（岡村）は、用水を得やすくするために形態変更するわけですが、丹北小山村からすれば、その分自村の利用できる水量が減少するのではないかと危惧《きぐ》を抱くことになるのです。

この争いは、明和6年5月21日に、次のような内容で和解が成立しました。

①入水の田への引水については、従来からある用水路も今回岡村が計画した用水路も使用しない。その代わりに、岡村が計画した用水路より東へ5尺余り（約1・5メートル）寄せて、新たに用水路を通すことにする。

②以後、岡村では用水路からの漏水に注意する。また、丹北小山村との分水については、明和3年8月に取り交わした証文の内容を順守して、水を折半することとする。

③岡村の取水が済んだあとは、丹北小山村は自村の領内にある大師池《だいしいけ》へ取水してよい。その際には、岡村の字大船《おおふな》にある石樋を利用する。この石樋を以後も永く使わせてもらう謝礼として、丹北小山村から岡村に銀30匁《もんめ》を渡す。ただし、謝礼を渡すのは今回限りとする。

④先だって、丹北小山村は、入水の用水路の西側の堤をくりぬいて箱樋（四角い箱型をした通水管）を設置していたが、この箱樋は以後もそのまま使用してよい。箱樋の伏せ替え・修理は、丹北小山村が岡村に断ったうえで行なう。

③、④について、補足しておきましょう。丹北小山村は、王水井路の水をいったん岡村の字上今池にある溜池に入れたうえで、自村の大師池に回していましたが、明和3年に字上今池の溜池が埋め立てられて以降は、そこに新たに水路を設けて岡村と折半で取水していました（前述）。ところが、丹北小山村は、入水の用水路の西側の堤に、岡村に無断で箱樋を設置し、そこからも取水していたのです。それがこの争いの際に発覚し、岡村がそれを問題にしたのです。

そこで、三宅《みやけ》村（現大阪府松原市）の七五郎《しちごろう》と志紀小山村の治郎兵衛《じろべえ》が仲裁に入り、以後は互いに新規のことはしないということで和解したのです。その和解の具体的内容が、③、④でした。

すなわち、この争いは、はじめ丹北小山村が用水路の付け替えをめぐって岡村を訴えたのですが、訴訟の過程では、逆に岡村が丹北小山村の箱樋新設を追及するということもあり、そのどちらの問題についても明和6年5月に和解が成立したのです。

この争いからは、お互いに少しでも自村に多くの水を引きたいという村人たちの切実な思い（一面では村のエゴイズム）がみてとれます。ただ、強硬に自己主張するだけでは問題は解決しないので、両村とも妥協点を見出《みいだ》すべく努力しています。その際、幕府の判断に任せるのではなく、近隣の百姓の仲裁によって、自主的に和解している点も重要です。争いを通じて、村々は自主的な問題解決能力を鍛えていったのです。

●碓井村の庄兵衛、王水樋の上流に私的に水路を新設する——明和5年（1768）

明和5年（1768）に、碓井村の問屋商人の庄兵衛《しょうべえ》が、石川から新しく水路を掘って、自宅の下に船着き場を造りました。石川を通行する船が自宅のすぐ下まで入れるようにすれば、荷物の上げ下ろしに好都合になると考えたのです。石川の通船《つうせん》を利用した商品輸送をより円滑化することによって、経営を発展させようとしたわけです。第一部で述べたように、江戸時代の河川は交通路として重要な役割を果たしていました。

ただ、庄兵衛が計画した新水路は、王水樋の上流にあたっていました。そこで、水路の掘削《くっさく》に際しては、あらかじめ王水樋組合8か村に、「水路を新設しても王水樋からの取水の妨げにはならないし、万一取水に支障が出たときは早速水路を埋める」と申し入れました。

もう少し細かくいうと、庄兵衛は、王水樋組合8か村のうち志紀・丹北両小山村

(以後は合わせて小山村といいます)に申し入れを行ない、小山村から連絡を受けて、8か村の代表が集まって相談したのです。

多くの村は水路の掘削に反対しましたが、小山村の代表が、「取水に支障が出たときは早速水路を埋める旨の証文さえ取っておけば問題ない」といったため、やむなくほかの村々も了承しました。そして、小山村では、組合村々には、庄兵衛から証文を取ったといっていました。

王水樋組合では、小山村が前々から世話役になっており、用水関係の書類も小山村で保管していました。小山村が、組合村々の中心になっていたのです。そこで、庄兵衛もまず小山村に話をもって行ったのです。

一般的にいうと、用水組合においては、上流の村、取水口に近い村ほど権限が強い傾向にありました。しかし、王水樋組合の場合は若干事情が異なり、もっとも末端に位置する小山村が中心的立場にあったのです。その理由としては、表1(92ページ)でわかるように、8か村のなかで小山村が村高・水掛かり高ともに最大であること、1630年代以降17世紀においては用水の管理を行なう「名主」3人がいずれも小山村の者であったという歴史的経緯があること、などが考えられます。ただし、もっとも上流に位置する誉田村も組合内では力をもっており、王水井路の両端に位置する誉田・小山両村が組合の中核を担っていたのです。

●小山村を除く7か村、庄兵衛に水路を埋めるよう願い出る——安永9年（1780）

話を元に戻しましょう。庄兵衛が新水路を設けたことで、その後やはり取水に支障が出ました。そこで、小山村を除く7か村は、小山村に、庄兵衛に水路を埋めさせるよう求めました。ところが、小山村では、当時ほかの訴訟を抱えていたことを理由に問題を先延ばしし、そのまま年月が経ってしまいました。

安永《あんえい》9年（1780）の夏は日照りが続いたため、もはやこの問題を放置できなくなりました。しかし、小山村を通していては埒《らち》があきません。そこで、7か村から庄兵衛に直接掛け合いました（なお、このときの庄兵衛は、明和5年に水路を設置した庄兵衛の孫にあたります）。けれども、庄兵衛側は、水路を埋めることを承知しませんでした。

そこで、7か村では、小山村に、先だって庄兵衛から取り置いた証文——取水に支障が出たときは早速水路を埋める旨を記した証文のことです——を見せてくれるよう求めました。それを根拠に、庄兵衛と掛け合おうというのです。ところが、小山村では、そのような証文はないと返答してきました。

驚いた7か村側は、9月5日に、庄兵衛と小山村を相手取って、幕府の大坂町奉行所に訴え出ました。庄兵衛には早々に水路を埋めるよう求め、小山村に対しては、証文を差し出さないことに加えて、長年この問題を放置しておいた責任を追及したのです。

これに対して、安永9年12月5日に、庄兵衛側は、大坂町奉行所に次のような内容の返答書を提出しました。

①祖父庄兵衛は、明和5年に、昔からあった水路を整備して、船が入れるようにしただけです。その際には、大坂町奉行所に願い出て許可を得ており、無断でやったわけではありません。

②この水路は、用水路への取水の妨げにはなっていません。

③庄兵衛から小山村に、証文など差し出していません。明和5年に水路を整備した際には、8か村に断って、支障ない旨の回答を得ています。その後、今日まで何の問題も起きていません。

このように、庄兵衛側では、旧来の水路を整備しただけで、新たな水路など造っていないとしており、ほかの点でも7か村側の主張と全面対立しています。

庄兵衛と同じ12月5日に、小山村でも返答書を提出し、「小山村には、庄兵衛から取った証文はありません。けれども、庄兵衛が造った水路が取水の障害になっているという認識では7か村と一致していますので、庄兵衛に新水路を埋めるよう命じてください」と述べています。つまり、小山村は、全面的に庄兵衛側に立ったわけではなく、新水路に対する認識は7か村と共有していたのです。

この件は、大坂町奉行所から、原告（7か村）・被告（庄兵衛・小山村）それぞれの領主の役人の手で解決するよう言い渡されました。それを受けて、それぞれの領主からは、支配下の村の庄屋たちに、仲裁に入るよう命じられました。

その結果、天明《てんめい》元年（1781）4月2日に、「庄兵衛側は、水路を上手から40間《けん》（約72メートル）埋め立てる。代わりに、今より40間下流に新たな水路を掘って船着き場を設けることにする」という内容の和解が成立しました。

その後、実際の掘り替え工事の過程でまた問題が生じたりしましたが、同年9月に、約72メートル埋め立てるところを約69メートルとすることで最終的に決着しています。水路の付け替えということで、妥協が成立したのです。水路を付け替えることで王水井路の取水への悪影響は減少し、庄兵衛も水路を確保することができたのです。お互いに何とか納得できる妥協点を見出しての解決だといえるでしょう。

●個人の利益より、組合村々の利益を優先する王水樋組合

この争いは、18世紀後半における商品流通の活発化にともない、水路を造成して経営を発展させようとする商人が村のなかに現れたことを示しています。それと同時に、王水樋組合村々が、庄兵衛という個人の利益よりも、組合村々の多数の村人たちの利益を優先させて、これに反対したこともわかります。

争いの過程で、碓井村の領主石川近江守《いしかわおうみのかみ》の家臣松倉伴吾《まつくらばんご》は庄兵衛側に肩入れしました。一方、誉田・岡両村の領主牧野越中守《まきのえっちゅうのかみ》（このとき、岡村は幕府領から常陸国《ひたち》笠間《かさま》藩牧野氏領に変わっていました）の家臣犬塚佐左衛門《いぬづかさざえもん》と、藤井寺村を管轄した幕府の代官青木楠五郎《あおきくすごろう》の配下の西村佐助《にしむらさすけ》は7か村側を支持する傾向がありました。仲裁に入った庄屋たちも、それぞれ自分と領主を同じくする村の肩をもつ傾向がありました。仲裁者といえども、完全に公正無私であることは難しかったのです。

この件とは別に、安永6年6月には、王水樋組合8か村が、幕府に次のように願い出ています。

> このほど、石川の東側に位置する古市《ふるいち》郡大黒《おぐろ》村（現羽曳野市）が、石川の東岸の堤を掘り割って、新たな用水路を造成しました。この用水路は石川の流れを堰き止めて取水しているため、石川の流れが変わって、王水井路に流れ込む水勢が弱くなり困っています。東岸の堤には、ほかに2か所の取水口があるので、現状でも取水に支障はないはずです。

また、新用水路に水車を設置しているため、王水井路の水量が急減しました。そこで、新用水路を埋めるよう大黒村に要請しましたが、承知してくれません。ぜひ、新規の用水路を埋め立てて、王水樋からの取水が滞《とどこお》らないよう、大黒村に命じてください。

ここで、8か村側は、「水車はその所有者がそれを使って精米・製粉をするだけであり、そのために8か村の大切な用水に支障が出るのは困る」と主張しています。この争いの結果は不明ですが、個人の利益と村々の多数者の利益とを比較して、後者を優先すべきだと主張する村々の論理立ては、碓井村庄兵衛との争いのときと共通しています。水車による精米・製粉は地域の百姓たちも利用するわけで、水車は地域に利益をもたらす面があります。ただ、第一義的には、水車屋が儲けるための施設でした。そこで、百姓たちは、自分たちにもたらされる利益と損失を慎重に勘案しました。そして、個人の私的な利潤追求は、地域の多数住民の利益を損なわない範囲内で容認されたのです。

三　江戸時代の水争いの特質

●江戸時代の用水争いの4つの特質

ここまで、水をめぐるいくつかの争いをみてきました。ここで、具体的な事例から少し離れて、江戸時代の用水争いの一般的特徴について述べておきましょう。

まず、争いにおいて、当事者双方がどのような論法をもって自己の正しさを示そうとしたか、みてみましょう。

第1に、前述したように、従来からの慣行の尊重を求める先例主義があげられます。相手方の行為が、慣行を破る新規の行為であるがゆえに不当であり、それに対して従来通りの原状回復を要求するというものです。

第2に、先例の具体的内容を示す文書を提示して、自らの主張を裏付けようとする場合が多いことがあげられます（文書主義・証拠主義）。証拠文書は、村々が取り交わした証文のこともあれば、幕府・領主が下した判決書のこともあります。幕府の作成した台帳《だいちょう》に水利施設の権利関係が明記されていることを、主張の根拠にする場合もありました。

第3に、「百姓成り立ち」の論理があります。それは、このままでは用水不足のため農業生産に支障をきたし、百姓経営の存続が難しくなり、ひいては年貢の完納が困難となって領主にも迷惑をかけることになるから、自分たちの主張を認めてほしいという論理です。「百姓成り立ち」の論理とは、江戸時代の百姓たちが、自らの百姓としての身分的・社会的地位の安定と、生存の保障とを要求するものです。この論理の正当性は、江戸時代には、領主層を含めて広く社会全体に認められていました。

自らの正しさを主張する論拠としてはこの3つが特徴的ですが、ここで考えたいのは、先例主義・文書主義と「百姓成り立ち」とは相反する場合があるということです。用水をめぐる諸事情が変化し、従来の慣行を固守していたのでは、百姓経営の存続が困難になるという局面がありうるのです。

その際、幕府の判断においては、どちらの論理が優先されたでしょうか。たとえば、享保《きょうほう》7年（1722）の判決では、「古くからの慣例に拘束されることなく、訴訟の当事者双方が、ともに稲作を継続できるようにすることを最優先すべきである」とされています。このように、先例よりも「百姓成り立ち」のほうが優先されたのです。従来の慣行を改変してでも自らの農業経営を維持・発展させようとする百姓たちの姿勢を、幕府も追認したのです。用水をめぐる争いにおける正当性の根拠として「百姓成り立ち」の論理が登場し、それが先例主義を凌駕《りょうが》する場合があったところに、江戸時代の特徴があるといえるでしょう。

第4に、多数者・集団の利益と、少数者・個人の利益とを比較して、前者を優先すべきだとする論理があります。そうした論理にのっとって、河川に船着き場を設けたり、用水路に水車を設置したりして、自らの経営発展を追求する者に対して、用水組合はそれを規制する動きをみせるのです。船着き場や水車の新設によって、用水組合に属する多くの村々が不利益をこうむることは容認できないというわけです。

●用水争いが解決に至るまでの3つのプロセス

次に、用水をめぐる争いの解決過程においてみられる特徴について述べましょう（以下は、川島孝氏の研究に依拠しています）。

用水争いの解決過程は、基本的に次の3段階に分けられます。

第1段階は、事件の発生から当事者間の交渉を経て（この時点で合意が成立すれば、それで解決です）、交渉の不調により、幕府の奉行所（藩領であれば藩の担当役所）への提訴に至るまでの過程であり、出訴までの段階です。

第2段階は、出訴後の、両当事者の対決から一連の吟味（審理）の過程、および内《ない》済《さい》（和解交渉）の過程からなります。これが解決過程の中心段階であり、そこでは吟味と内済が相互に関連しつつ進められます。

第3段階は、裁許《さいきょ》（判決）あるいは内済（和解・示談）成立により争いが決着をみる段階、すなわち最終的解決の段階です。

以上の過程において、注目したいのは次の点です。

まず、訴訟の主体が個人ではなく、村だということです。用水をめぐる争いは、村対村、あるいは村々対村々の争いだったのです。

河内国は、幕府・大名・旗本・寺院・神社など多数の領主の領地が複雑に入り組んでいました。こうした地域における用水争いは、通例関係する村々の領主が複数にわたるため、幕府に提訴されることになります。領主が異なる村同士の争いを裁けるのは、どちらの領主でもなく、すべての領主の上に立つ幕府だけだからです。

先述したように、河内国の村々に関する訴訟は、享保7年（1722）9月までは、幕府の京都町奉行所が裁いていました。それが、同月以降は、大坂町奉行所の管轄に変わりました。また、石川・大和川は堺奉行所の管轄となっていました。さらに、両河川の普請（治水土木工事）については、大坂の堤奉行所が取り扱っていました。

このように、河内国の河川管理には、大坂（京都）町奉行所、堺奉行所、堤奉行所といった複数の役所が関わっていたため、訴訟はその内容によっていずれかの役所に対してなされました。村々の側は、けっして幕府を「お上《かみ》」として漠然《ばくぜん》と理解していたのではなく、その内部の諸機構・諸部局を識別していたのです。

●和解による解決を望む幕府

争いの解決過程においては、さまざまな仲裁者が介在して、内済で解決するケースが多くみられました。仲裁者は、近隣の村役人などでした。中世でも、近隣の有力者が争いの調停をすることは広くみられました。江戸時代の近隣村役人による調停はそれを継承しているといえますが、次の点が中世とは異なっています。

すなわち、近隣の村役人が間に入る場合、自ら進んで申し出たり、訴訟当事者の村々から頼まれたりすることもありますが、ほかに幕府から指名される場合もあるという点です。村役人の仲裁が幕府の吟味過程と密接に関連づけられ、訴訟解決過程の一環に制度的に組み込まれているのです。内済が上から命じられるというかたちが通例であり、内済交渉が不調に終わるとそれに代わって吟味が進められるといったように、両者は相互に補完し合いながら、解決への道筋をつけていったのでした。この点が、仲裁・調停があくまで自主的に行なわれた中世との違いです。

また、幕府は、吟味の過程で訴訟の当事者村々の領主たちに解決を命じることがあり、これは「地頭下《じとうさ》げ」と呼ばれました。地頭下げになった場合には、原告・被告双方の領主の役人たちが協議し、さらに役人たちは訴訟当事者ではない自領の村の村役人に仲裁を命じました。これも、内済の一種です。

地頭下げになった場合には、領主たちはそれぞれ自分の領地に属する村の肩をもつ傾向がありました。領主にすれば、自領の村を勝たせたいというのは自然な気持ちだったでしょう。それに対して、幕府は、相対的に客観的・第三者的立場に立って、調停者・裁定者としての役割を果たしていました。そして、幕府は、地域にしこりを残さないため、理非を明確に判定することを避ける場合がよくありました。玉虫色の決着を選んだのです。

江戸時代の中・後期（18・19世紀）には、それぞれの領主は自領の村の利害を代弁することにより、また幕府は利害の衝突の客観的調停者としてふるまうことにより、それぞれが異なる仕方で村々に対して存在意義を発揮していました。自分たちを支持してくれる領主、きちんと落としどころをみつけてくれる幕府。どちらも、百姓たちにとっては頼もしくみえたことでしょう。

そして、幕府や領主は、大規模な河川改修など村々の手に余る工事を除いては、地域の細かい水利秩序にまで直接介入することは基本的に控えて、主に改修工事に対する費用の下付《かふ》と、訴訟の解決による水利秩序維持の面において、積極的役割を果たしていました。このうち、改修工事の費用支給のほうは、しだいに財政窮乏《きゅうぼう》のために十分行なえなくなってしまいましたが、後者の訴訟解決機能は一応幕末まで大きな破綻《はたん》をみせることはありませんでした。

以上が、江戸時代の用水争いの解決過程にみられる一般的特徴です。

四　用水組合の「隠れ構成員」と、訴訟費用の問題

●組合の部外者である津堂村が、水の番について口を出す――安永6年（1777）

さて、また具体的な話に戻りましょう。

安永6年（1777）の夏は、用水不足のため番水《ばんすい》となりました。番水とは、村々が時間を決めて、順番に水を引くことです。このとき、津堂村《つどう》（王水樋組合の構成村ではありません）が、丹北小山村の領主戸田《とだ》大学《だいがく》に、「丹北小山村が水を引く順番のときに支障が起きないよう、岡村の領域内にある地蔵樋《じぞうひ》に、丹北小山村から番人を出すよう指示してください」と願い出ました。

地蔵樋とは、王水井路の本流から岡・丹北小山両村が使う用水を分水するための樋です。従来は、地蔵樋の所に番人など出していませんでしたが、津堂村の願い出を受けて、丹北小山村が岡村に申し入れたところ、岡村も了承したので、今回新たに番人を付けることになりました。不当な取水がなされないよう、監視者を置こうというわ

けです。

ところが、丹北小山村が岡村と掛け合っている間に、津堂村が直接岡村と交渉して、「丹北小山村が水を引く順番のときは、丹北小山・津堂両村から番人を出す」という取り決めをしてしまいました。そして、同年7月には、津堂村から岡村に、「この件では、岡村には迷惑をかけない」旨の証文まで差し出しています。

なぜ、王水樋組合に加わってもいない津堂村が、水の番について口を出すのでしょうか。そこには、次のような事情がありました。

津堂村の田の一部は、丹北・志紀両小山村の田の間に挟まれていました。そこで、王水井路から引いた水は、まず丹北小山村の田を灌漑してから、いったん津堂村の田を通り、それから志紀小山村の田に回っていました。津堂村は、実際には、丹北小山村を経由して、王水井路の水を利用していたのです。

そして、表1（92ページ）をみると、志紀小山村の水掛かり高は714石7斗ですが、実際はそのうち85石余りは津堂村分の高でした。純粋の志紀小山村分の水掛かり高は、714石7斗から85石余りを引いた629石余りだったのです。このことは、丹北小山村でさえ、安永6年まで知りませんでした。津堂村の田は、おおやけに認められた水掛かり高ではなかったからです。

津堂村は王水樋組合の正規の構成員ではないので、用水関係の用事はこれまですべて志紀小山村が務めてきました。そして、津堂村は、それに要する銀や米を志紀小山村に納めてきたのです。このように、津堂村は、これまで両小山村の陰に隠れて非公式に王水井路の水を利用していたのですが、安永6年にいたって、初めて自ら表に出て発言するようになったのです。

●用水組合の隠れ構成員・津堂村の台頭

こうした津堂村の表面化に対して、丹北小山村は、新たに津堂村が岡村などと直接交渉をすることで、自村に不利益が生じるのではないかと危惧し、また津堂村が王水樋組合の正規の構成員並みの発言権を得ようと企てているのではないかという疑念を抱きました。そこで、津堂村に対して、これまでのしきたりを守って新規の主張をしないよう求めています。

志紀小山村も、津堂村が岡村と直接交渉することには反対でした。領主の戸田氏の意向は、「新規のことはせず、従来通りのやり方を守ることを原則として、そのうえで具体的な問題は村同士で解決すべし」というものでした。

安永6年8月には、津堂村が志紀小山村に心得違いを詫び、以後王水樋組合に対して要求があるときには、志紀小山村と相談のうえで行動することを約束しています。

一方、同月、津堂村と丹北小山村は、以下の取り決めを行ないました。

①以後は、両村で相談のうえ、地蔵樋に番人を付ける。
②これまでのしきたり通り、番水に関して津堂村から何か要求があるときには、津堂村から丹北小山村に申し出て、丹北小山村からほかの用水組合村々に掛け合うことにする。
③用水の引き方についてもこれまでの先例を守り、いささかも新規のことはしない。

そして、翌安永7年4月には、領主から、番水の際には津堂村も地蔵樋に番人を付けることを認める旨が言い渡されています。津堂村と丹北・志紀両小山村とが連絡を密にして、円滑な用水利用に努めることになったのです。

この問題は、王水樋組合の「隠れ構成員」ともいうべき津堂村が、より直接的に用水問題に関わろうとしたことによって起こったものでした。そして、自村から番人を出すことが認められたということは、津堂村にとっては一歩前進だったといえるでしょう。このように、王水井路の水は、正規の組合村々だけでなく、津堂村のような組合外の村によっても利用されていたのです。

●利水優先の組合vs治水優先の他村、ふたたび――天明元～4年(1781～84)

天明《てんめい》元年（1781）7月、古市《ふるいち》村が、同村領内を流れる石川の堤防の修復工事の期間中、堤防への水当たりを弱めるため石川に瑞軒流《ずいけんなが》し（水防のため川中に設置する構築物）を3か所設置したいと願い出たので、王水樋組合8か村もこれを了承しました。ただし、この瑞軒流しが王水樋からの取水の妨げになる場合にはすぐに撤去すること、また妨げにはならなくても堤防の修復工事の完成後には撤去することとされました。

ところが、修復工事の完了後も、古市村では瑞軒流しを撤去しませんでした。そこで、天明2年5月に、王水樋組合8か村の代表が堺奉行所に、王水樋からの取水の障害になる瑞軒流しの撤去を求めて訴え出ました。また、古市村では、瑞軒流しのほかに、8か村に無断で川の中央部に枝流《えだなが》し（瑞軒流しに類似した構築物）も1か所設置していたため、8か村側はこの枝流しの撤去も求めました。

天明2年6月には、堺奉行所は古市村に、瑞軒流しを撤去するよう命じました。古市村は瑞軒流しの撤去を了承しましたが、枝流しの撤去については7月末まで待ってほしいと願い出ました。8か村側は一日も早い撤去を望みましたが、結局古市村の意向を受け入れました。

その後、瑞軒流しは7月上旬に撤去されましたが、枝流しのほうは8月に入っても撤去されませんでした。それどころか、古市村では、10月末までの枝流しの設置期間延長を願うとともに、新たに3か所の瑞軒流しを、10月末までという期限付きではありますが新設したいと願い出たのです。

これに対して、8月に、8か村側は、枝流しを早急に撤去するよう求めるとともに、瑞軒流しの新設はやむを得ないとしつつも、石川の中央部ではなく、堤防のそば近くに設置することを求めています。

この争いにおいて、古市村側は、堤防の防護を最優先しており、流し類（瑞軒流し・枝流し）を設置しても王水樋からの取水に支障はないと主張しています。これに対して、8か村側は、流し類の設置によって王水樋からの取水が困難になる恐れがあると主張し、堤防への水当たりは堤防のそばに瑞軒流しを設置することで防げるとしています。両者の主張は平行線をたどり、争いは長期化しました。

それでも、近隣の村の庄屋たちが仲裁に入った結果、ようやく天明4年閏《うるう》1月20日になって、古市村が枝流しを撤去し、以後堤防の防護には土俵《どひょう》（土を詰めた俵《たわら》）や石《いし》籠《かご》を用いることと、8か村の王水樋からの取水はこれまで通りに行なうことを取り決めて、ようやく両者の間で和解が成立しました。

●訴訟費用は、原告・被告でどういう割合で負担したか？

この争いの過程では、訴訟費用をめぐっても問題が生じています。天明3年2月に、仲裁に入った近隣6か村の庄屋6人が、仲裁に要した費用を原告（王水樋組合8か村）・被告（古市村）双方が支払わない旨を、大坂町奉行所に訴え出たのです。費用未払いの原因は、費用の負担方法をめぐる対立にありました。

古市村は、原告・被告双方の村高に応じた負担を主張しました。これに対して、8か村側は、近隣での訴訟事例もあげつつ、原告・被告双方の村の数や村高の多少には関係なく、双方が同額を負担するのがしきたりだと主張しました。

古市村の村高は約1226石なのに対して、8か村の村高の合計は約4984石であり、両者の比率は20対80となります。当然、村高に比例して負担すれば古市村に有利になり、双方が均等に負担すれば古市村に不利になります。

仲裁の庄屋たちは、8か村側がいうような事例が多いことは認めつつ、負担比率はどうあれとにかく早く経費を払ってほしいと主張しました。

この件は、天明3年3月に、かかった経費のうち、古市村が500匁《もんめ》（25パーセント）、8か村が1貫《かん》500匁（75パーセント）を、とりあえず出すということになり、庄屋たちは訴訟を取り下げました。古市村が村高の比率よりはいくぶん多めに出すことで、いったんは収まったのです。

しかし、流し類の撤去をめぐる争い――こちらが本筋の争点です――が解決したあとの天明4年5月になって、また問題が再燃しました。古市村が、残りの訴訟費用の負担方法に関して、８か村を訴え出たのです。このときも、古市村が村高に応じた負担を主張したのに対して、８か村側は原告・被告の均等割りを主張しました。

ようやく同年10月に、費用総額約６貫７７２匁を村高に応じて負担することで和解が成立しました。最終的には、古市村の主張が通ったのです。

以上の経緯からは、18世紀後半において、水争いに関する費用は原告・被告双方が折半するという方式が、広く地域の一般原則として成立しつつあったことと、にもかかわらずそれが絶対的な規範とまではなっておらず、この事例のように村高に応じた負担が採用される場合もあったことがわかります。原則を設けつつも、個別の事情に応じて柔軟な対応がとられたのです。

訴訟においては、勝つか負けるかがもっとも大事でしたが、それに劣らず経費の負担方法も重要でした。そして、訴訟費用のうちには、自分たちが堺奉行所まで出向くときの旅費などのほかに、仲裁にかかった費用もあり、その負担方法をどうするかも大きな問題だったのです。そのため、村々はなるべく訴訟は起こすまいとし、訴訟になった場合もできるだけ短期決着を望んだのです。

第三章 江戸後期（19世紀）の水争い

水利慣行の継承と変容

19世紀に入っても、18世紀と共通の状況が続きました。18世紀と類似の争いが断続的に繰り返されたのです。それは、一面では「水掛け論」と呼ぶにふさわしいものでした。ただし、村々は常に対立していたわけではありません。実際には、日常的には村々が相談し協力し合って用水を利用していたのであり、そうした時期のほうが時間的にははるかに長かったのです。そうした面にも、正当に目を向けたいと思います。

●150年前の水利慣行を再確認する
――文政2〜3年(1819〜20)、道明寺村vs組合7か村

文政《ぶんせい》2年（1819）11月には、道明寺村を除く王水樋組合7か村が、道明寺村を相手取って、幕府の大坂町奉行所に訴え出ました。7か村は、「このたび、道明寺村が、自村の領内に樋《ひ》（この場合の樋は、竹・木・土などで作った水を導き送る長い管）を設置して用水を引き取るようになったため、ほかの7か村が用水不足になってしまった。道明寺村は、新設の樋を撤去し、王水樋組合の規定通り従来の樋から取水してほしい」と主張したのです。

これに対して、道明寺村の庄屋は、「自分の一存では返答できないので、村内でじっくり話し合ったうえで後ほど返事する」と答えています。庄屋は、村人の意向に配慮することなしには、用水問題に対処できなかったのです。この問題は、文政3年1月に、新設の樋を撤去することで和解が成立しました。

この争いが契機になったのでしょうか、文政3年1月には、8か村が次のような取り決めを行なっています。

①用水は、寛文《かんぶん》9年（1669）に取り交わした証文の通りに、村々が順々に引き取り、互いに新規のことはしない。

②もしも、組合8か村のうちどこかの村で、水路の付け替えなど現状を変更する場合には、事前に村々一同が相談し、ほかの村々の納得を得たうえで行なう。

この取り決めでは、寛文9年に取り交わした証文が前提にされています（118ページ）。ここから、17世紀後半以降、組合の組織と運営の大枠は変わらずに維持されてきたことがわかります。

また、先の訴訟に関わって、文政2年11月に王水樋組合7か村側が作成した文書には、①小山村が用水関係諸経費の経理を担当しており、これまで各村の負担額を確定し精算してきたので、古い関係帳簿は小山村で保管していること、②用水の取水方法は、通常は王水井路に堰などは設けず、各村の水田の水掛かり高（王水井路の水を使用する耕地の石高）に応じて、上流から順々に取水していることが記されています。

用水関係諸経費の経理に関しては、文政7年（1824）8月に、志紀小山村の庄屋半右衛門《はんえもん》が、次のように述べています。

諸経費は、昔から村々一同が小山村に集まって、かかった経費を確認したうえで、各村の水田の水掛かり高に応じて負担額を確定してきました。通常の諸経費は、毎年11月に計算して、12月に精算しています。諸経費の受け渡しは、昔からずっと小山村が行なってきました。

ここからも、王水井路の一番流末にあった小山村が、組合内において重要な役割を果たしていたことがわかります。

●誉田村、水掛かり高以上の水を取水する――文政6年（1823）、誉田村vs組合7か村

文政6年（1823）6月7日に、誉田村を除く7か村の村役人が、誉田村を幕府に訴え出ました。その主張は、次の通りでした。

文政6年の4、5月ごろから、誉田村が自村の田のみを灌漑して下流に水を流さないいため、村々では田植えができずに困っています。昔から、日照り続きでも村々が順々に水を引く慣行でした。それなのに、今回誉田村が自村の水掛かり高以上に水を独占して下流に一滴も流さないのは、慣行を破るわがままなやり方です。

再三誉田村に掛け合っても、取り合ってくれません。誉田村には、各村の水掛かり高に応じて、時間を決めて取水するよう命じてください。

その際、7か村側は、従来からの用水の取水方法について次のように述べています。

①村々では、これまで上流から水掛かり高に応じて、順々に水を引いてきた。この原則は、平常時も渇水時も基本的に同じである。ただし、渇水時には取水時間を厳密に定めた番水となる。

②具体的には、誉田村が、自村の領域内に3か所ある取水口から取水して、同村の耕地に水が行き渡った時点で取水口を閉鎖すれば、あとは自然と水下《みなしも》の村々に水が流れていくのである。

もっとも、年によっては、まず誉田村の稲の作付け地にのみ水を入れ、次いで順々に水上《みなかみ》の村から同じく稲の作付け地にだけ水を入れていき、すべての村が取水し終わったら、元に戻って、また誉田村から順に、今度は綿の作付け地に水を入れていくこともある。

③石川の水量が減少した際には、以前からのしきたりで、組合村々が水掛かり高に応じて人足《にんそく》を差し出し、石川の王水樋前の川床《かわどこ》を川上に向けて掘り割る。そこから湧き出した水を、水上の村から水掛かり高に応じて順々に取水するのである。

以上の7か村側の見解に対して、誉田村の庄屋・年寄は、「水掛かり高に応じて順々に取水するというような先例はありません。同様に、石川の川床を掘り割って湧《ゆう》水《すい》を取水する際に、水掛かり高に応じて取水するという前例もありません」などと答えています。

しかし、前述した文政2〜3年の争いや、後述する文政6年の碓井村と8か村との争いにおいては、誉田村は、水上から水掛かり高に応じて順々に取水する慣行であることを認めているのです。したがって、誉田村の主張には説得力がないと言わざるを得ません。

案の定、この争いでは、誉田村が幕府の取り調べ役人から厳しく叱られ、早急に水を水下に流すよう命じられました。6月13日には、それを7か村と誉田村が承知して、この争いは出訴から6日という短時日《たんじじつ》のうちに解決したのです。

●碓井村、王水井路の水を横領する――文政6〜9年（1823〜26）、碓井村vs組合8か村

今みてきた7か村と誉田村との争いと時期的に重なるかたちで、文政6年（1823）6月に、8か村と碓井村との争いが起こり、8か村側が幕府に訴え出ました。

8か村側では、「私たちは昔から先例を守って、百姓として農業を続けてきました。

ところが、碓井村が王水井路に新たに樋や堰を設置して用水を横領するので、村々の稲が被害を受け、このままでは百姓を続けていくことができません」と訴えています。

これに対して、碓井村側は、「私たちは、以前から王水井路に樋や堰を設けて取水してきました。それを、当年に限って文句をいわれるのは心外です」と述べています。

このように、この争いでは、従来からの慣行がどのようなものであったかが争点となっているのです。この点について、さらに双方の主張を聞いてみましょう。まず、碓井村は、文政6年9月に、次のように述べています。

すべて用水組合というものは、幕府・領主から下付された文書や、昔からの規約書に基づいて管理運営されるべきものです。王水樋組合においてそれに当たるのは、寛文12・13年（1672・73）の誉田八幡宮と組合村々との争い（120ページ参照）の際に、幕府（京都町奉行所）から下付された判決書です。そこには、「川下の7か村が、誉田村と碓井村の用水路に理不尽なことをしたので争いになった」と記されています。

また、幕府の判決書でいう7か村には道明寺・誉田両村は含まれていません。その後、両村を加えて、今は9か村となっているのに、各種文書において「8か村組合」と称しているのは、判決書の内容に背くものです。

さらに、判決書に「誉田村と碓井村の用水路」とあるように、当時から碓井村では、樋や堰を用いて王水井路から取水してきました。それを止めさせようとする8か村側こそ、旧来からのしきたりに反しています。

第二部第一章で述べたように、17世紀においては、王水樋組合村々は「7か村」と記されることが多く、その7か村の内訳も文書によって微妙に異なっていました。碓井村は、その点を問題にしたのです。しかし、17世紀の文書で、碓井村を王水樋組合の構成村だとしたものはありません。また、判決書に「碓井村の用水路」とあるのも、王水井路が碓井村の領域内を通っていることを述べたまでで、碓井村の取水権を認めたものではありませんでした。

これに対する8か村側の主張は、次の通りです。

①碓井村に用水を利用させないのは、寛文12年11月の文書に、「組合村々以外には少しも水を分け与えない」とあるからです。また、この文書の文中には「7か村」と書かれていますが、実際に署名捺印《なついん》しているのは8か村の者たちなので、たぶん8を7と書き間違えたのでしょう。あるいは、「7か村」というのは単なる呼称であって、実際の村数を表したものではないのだと思います。

②寛文12・13年の誉田八幡宮と組合村々との争いに、道明寺・誉田両村は参加しませんでした。そのため、幕府の判決書には、両村の名が記されていないのだと思います。したがって、そのことが、当時誉田村が王水樋組合の構成員ではなかったという証拠にはなりません。

③碓井村は、これまで王水樋組合関係の証文類に名を連ねたことは一度もありません。

④私どもが提出した証拠文書のうちでもっとも古いのは、寛文年間（1661〜1673）のものになります。

①、②における8か村側の弁明は、いささか苦しいように思います。17世紀後半においては、組合を構成する8か村は確定しつつある途上だったと考えるべきでしょう。一方、③で述べられているのは事実です。

そして、双方とも、自らの主張の正当性を、先例と、農業生産・百姓経営の維持・存続に求めている点では共通しています。また、先例とは江戸時代に作成された文書に記された事柄を指す——すなわち中世以前にはさかのぼらない——としている点でも共通しています。

この争いは、文政9年（1826）11月になって、ようやく和解が成立しました。

和解内容は、「碓井村内の王水井路に設置された10か所の樋は、このたび残らず撤去する。その代わりに、新たな樋を設置して、碓井村はそこから取水することにする」というものでした。ここに、碓井村は、王水井路からの取水を正式に認められたのであり、これは従来からの慣行の改変を意味しました。用水を利用できる村の範囲が少し拡大したのです。

この争いの過程でも、訴訟に要した諸経費の負担方法をめぐる対立が生じています。碓井村は各村の村高に応じた負担を主張し、8か村側は原告・被告双方での折半を主張したのです。この対立は、訴訟そのものは決着したあとの文政10年8月になっても解決しておらず、最終的にどうなったかもわかりません。

また、文政7年8月には、志紀小山村の庄屋が、藤井寺村の庄屋・年寄らを、訴訟費用を含む用水関係諸経費を出さないとして、藤井寺村の領主に訴え出ようとしています。

このように、原告と被告の間でも、また原告村々の間でも、経費の負担方法をめぐって対立が生じていたのです。訴訟には多額の費用がかかるため、本筋の争点とは別に、費用の負担方法をめぐってもトラブルになることがよくありました。それだけに、村々は何かあるとすぐ訴訟を起こすのではなく、ルールに基づいた秩序ある取水を心掛け、問題が起こったときにはできるだけ話し合いで解決しようとしました。そして、それではどうしても解決できない場合に、はじめて訴訟に踏み切ったのです。

●上流の誉田村の勝手な取水を、組合の他の村々が非難――嘉永・安政年間

嘉《か》永《えい》5年（1852）6月には、古室・沢田・林・藤井寺・岡・小山各村が、誉田村の自分勝手な取水を非難しています。このときは、ただ非難するだけではなく、「王水井路の上手の村にも下手の村にも、平等に水が行き渡るようにしたい。そのためには、組合村々が水掛かり高に応じて取水すべきである。ただし、誉田村が一番上手にあるということには配慮する」と述べて、和解を申し入れています。各村の水掛かり高に応じた公平な取水を主張しつつ、一方では上流に位置するという誉田村の有利な立地条件にも一定の配慮を示しているのです。

けれども、嘉永6年7月28日には、古室・沢田・林3か村の村役人と15～60歳の村人たち大勢が誉田村に押しかけて、堰を破壊し、植わっていた稲や綿を荒らすという事件が起こりました。誉田村が用水を独占して下流に水を流さないので、怒った3か村の村人たちが、村役人を突き上げて実力行使に及んだのです。この事件では、8月1日に、3か村から誉田村に詫び状を出しています。

嘉永7年5月にも、誉田村とほかの7か村との間で争いが起こりました。このときの7か村側の主張は、次の通りです。

①王水井路には古来から堰はなく、各村の水掛かり高に応じて、上手の誉田村から順に取水する慣行である。用水関係の諸経費は、水掛かり高を基準に各村に賦課してきた。

②日照り続きで石川の水量が減少したときには、組合村々から人足を出して、王水樋の取水口の前から川上へ向かって、石川の川床を掘り割る。そして、湧き出てくる水を、上手の村から順に取水する決まりになっている。

③今回、誉田村は、水上なのをいいことに、わがままに長時間の取水を行ない、稲・綿作はもちろん、そのほかの作物や水掛かり高以外の耕地にも水を掛けている。

これに対して、誉田村は、次のように答えています。

①各村の水掛かり高に応じて順に取水するなどという先例はない。

②組合で定めた水掛かり高以外の耕地には水を入れていないし、不相応に長時間の取水をしたこともない。

③ほかの組合村々とは、上流・下流の差別なく仲良くしたいと考えている。

このように、今回の争点は文政6年（1823）の争い（174ページ）のときと同じで従来の慣行のありようをめぐるものでした。ただ、先に述べたように、文政年間に、誉田村は、各村の水掛かり高に応じて順に取水する慣行があることを認めているので、この点に関しては今回も7か村側の主張に理があったように思います。

さらに、安政《あんせい》3年（1856）4月にも、古室村などが誉田村と対立していますが、その原因も、誉田村が水上であることを利用して自村に有利な水の配分をしようとしたことにありました。このように、19世紀には、組合内部で、誉田村とほかの村々とが対立することが多くなりました。

ただし、ここまでの記述の全体を通して、ひとつお断りしておきたいことがあります。それは、現在まで残っている用水関係の文書の多くが、水をめぐる争いについてのものだということです。したがって、それらに基づいて述べると、どうしても村々が常に対立していたかのような印象を与えがちです。

しかし、実際には、日常的には村々が相談し協力し合って用水を利用していたのであり、そうした時期にはことさら文書が作成されなかっただけなのです。そして、組合村々は、8か村のまとまり自体は維持したうえで、時には内部で対立し、時には外部に対して団結し、また部分的には用水の利用慣行を改変しながら近代を迎えたのでした。

第四章

用水組合の村の中に入ってみる

村の社会構造をさぐる

ここまでの話では村が主役でしたが、村の意向を決めるのは個々の村人たちです。そして、彼らのなかには地主もいれば小作人もおり、農業や用水への関わり方も多様でした。本章では、そうした村人たちの姿を具体的にみていきます。村人たちの生活実態を知ることで、彼らにとっての用水のもつ意味がより具体的にわかってくると思います。以下、村々の代表として、比較的豊かな史料が残っている岡村と誉田村を取り上げます。

一　岡村とはどのような村か

●村絵図にみる岡村

岡《おか》村は、河内《かわち》国（現大阪府）の丹南《たんなん》郡に属する村です。岡村の位置については、図6（91ページ）をみてください。岡村は宝暦《ほうりゃく（ほうれき）》8年（1758）の村高《むらだか》が674石《こく》、耕地面積が約71町《ちょう》でした。そのうち、田が86パーセントを占めていました。

その後、明和《めいわ》6年（1769）の新田開発で耕地が増加したため、19世紀には739石余りありました。江戸時代の平均的な村は、村高が400～500石前後でしたから、岡村は比較的大きな村だということになります。岡村は、18世紀後半以降のほとんどの時期に幕府の領地でした。

岡村の内部については、186ページの図10をみてください。村の中央を、大坂・堺や大和《やまと》国（現奈良県）方面に通じる大和街（海）道（堺道）と大坂道《おおさかみち》という2本の街道が通っており、その道沿いに集落が形成されていることがわかります。

大和街道は、岡村の西方にあたる堺のほうから来て（図6には「堺街道」とあります）、岡村の北にある小山《こやま》村のところで直角に南に曲がって岡村に入ります。そして、岡村の集落のなかでさらに東に折れて、大和国のほうに向かっていきます（91ページの図6には「奈良街道」とあります）。これが大和街道です。

もう一本、小山村を通って北から南に岡村にまっすぐ入ってきて、そのまま岡村を抜けて南に行く道がありますが、これが大坂道です（図6参照）。大坂道は、岡村の北方にあたる大坂から来て、南の高野山《こうやさん》のほうに抜けていく街道です。

このように、岡村のなかには大和街道と大坂道という、この地域における主要街道が通っていました。岡村は、この地域における交通の要地に位置していたのです。そのため、毎日のように村外から人の出入りがあり、恒常的に村人と旅人との交流があったのです。

岡村の南部には古墳がありました。これは、仲哀《ちゅうあい》天皇陵に比定《ひてい》されている仲哀陵古墳です。図10をみると、村の南のはずれに池があって、その真ん中に山がありますす。これが仲哀陵古墳で、江戸時代には「ミサンザイ」と呼ばれていました（「ミサンザイ」とは陵墓を意味する語です）。古墳を取り巻く濠《ほり》は、江戸時代には岡村の耕地の用水源になっていました。溜池として利用されていたのです（天皇陵については後述します）。

図10で村のなかの集落をみると、村の領域の北東寄り、2本の主要道路が重なるかたちで通っているあたりの道の両側に家々が並んでいることがわかります。この家並

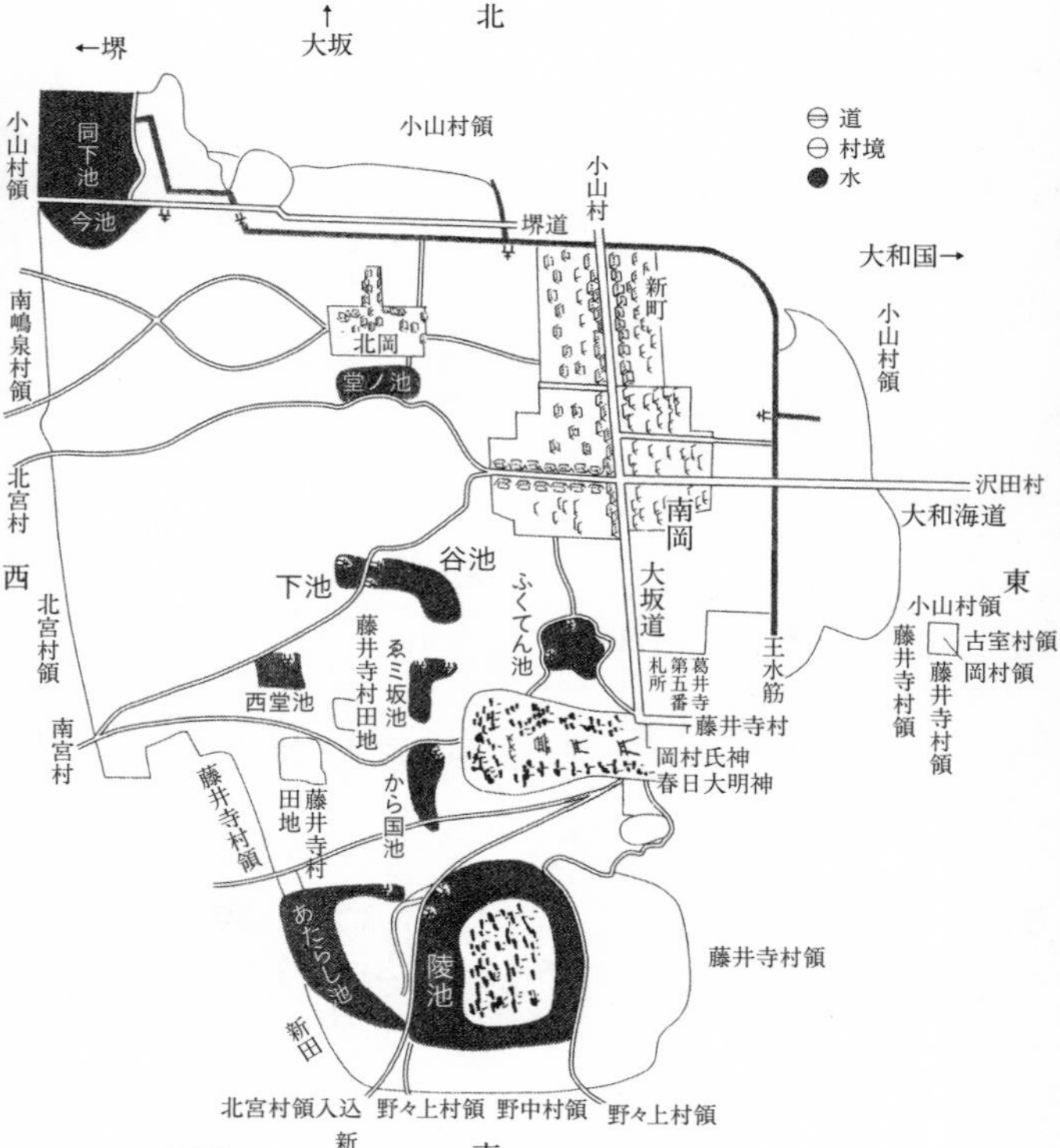

図10　岡村絵図（宝暦8年〔1758〕）

※『藤井寺市史』第10巻史料編 8上に所収の図をもとに作成

みの北側半分が新町《しんまち》、南側半分が南岡《みなみおか》と呼ばれる集落です。そして、そこから西にやや離れている集落が北岡《きたおか》です。このように、岡村は、街道の両側に家々が密集して並んだ新町と南岡、そしてそこからやや離れた北岡という、3つの集落から構成されていたのです。

●岡村の村人の7割以上が農業に携わる

元禄《げんろく》3年（1690）の岡村の戸数は、南岡81戸、北岡21戸、新町50戸、計152戸で、うち、高持《たかもち》（耕地・屋敷地を所持している百姓）が114戸、それらを持たない無高《むだか》（水呑《みずのみ》）が38戸でした。明和3年（1766）には、南岡・北岡を合わせた戸数が136戸で、人口が600人、新町の戸数が61戸、人口が293人でした。さらに明治9年（1876）には人口が818人、明治22年（1889）には耕地面積が88町余り、人口が788人でした。江戸時代の平均的な村の人口は400人くらいでしたから、岡村の人口は平均をかなり上回っていました。

もうひとつ岡村の特徴としてあげておきたいのは、土地をまったく持たない無高がかなりの比重を占めていたということです。

明治4年（1871）の岡村の戸数は184戸で、そのうち無高が98戸もありました。つまり、村の家々の半分が土地をまったく持たない無高だったのです。全国的に

所有石高	人数	うち農業経営者
①20石以上	12(人)	12(人)
②10〜20石	13	13
③5〜10石	18	18
④2〜5石	22	22
⑤0〜2石	21	16
⑥無高	98	55
計	184	136

表4　明治4年(1871)の岡村各戸の所有地の規模の分布
※津田秀夫『幕末社会の研究』所収の表をもとに作成

みても、村の過半の家が無高だという村は一般的とはいえません。しかし、この地域では無高の多い村が普通にみられました。無高の多さは、この地域の村々の特色だといえます。

表4で、明治4年における村人たち（戸主のみ）のありようをさらに詳しくみてみましょう。表4では、所有地の石高と経営内容から村人を6つの階層に分けていますが、そこから土地を持たない無高層98人中55人（56パーセント）が小作人として農業経営に携わっていることと、この55人と土地所有者中の農業経営者81人とを合わせると全村人の74パーセントが農業経営者であることがわかります。所有地がないからといって農業と無縁だったのではなく、小作をしたりして農業に携わる村人が大多数だったのです。

そして、農業には水が不可欠です。したがって、村人の4分の3は、多かれ少なかれ水利の問題に直接関わっていたのです。慶応元年（１８６５）の用水に関する村の取り決めには、村役人を除いて１２１人の戸主が署名捺印《なついん》しています。

明治４年の岡村では、自作としても小作としても農業に従事していない層が全体の４分の１を占めていたわけですが、それでも彼らは村内では少数派だったのです。

●綿花と菜種が岡村の特産品

江戸時代の河内国は、綿花や綿糸・綿織物の特産地でした。岡村でも、１８００年前後には、田を含めた全耕地の３割から４割近くに綿《わた》が作付けされていました。水田に土を入れて畑にして、そこに綿を植えることも広く行なわれていたのです。

菜種も、文政《ぶんせい》12年（１８２９）に87石余り、天保《てんぽう》３年（１８３２）に１０３石余り作られていました。菜種も特産物だったのです。

綿は表作《おもてさく》の作物で、菜種は裏作《うらさく》です。ですから、岡村では、田畑に表作では米か綿を作り、裏作では麦か菜種を作るというかたちで作付けがなされていたわけです。

耕地を潤す灌漑施設としては、石川《いしかわ》から取水した王水井路《おうずいいじ》がありました。図６（90～91ページ）で、村々の東方を流れているのが石川です。石川は、岡村の北東側で東から流れてきた新大和川《やまとがわ》と合流して、さらに西に流れて、堺で大坂湾に注ぎます。そして、図の南東側になりますが、石川に王水樋《おうずいひ》という取水口（水門）が設けられて分水されています。王水樋で分水した水が南東から北西に流れて、流域の村々を潤したのです。王水樋から取水する8か村のうちで、岡村は流末に近いほうにありました。

岡村の水源としては、さらに、先ほど述べたミサンザイ古墳（仲哀陵古墳）の濠を含む12～14の溜池がありましたし、それに加えて、元禄3年（1690）には285という多数の井戸がありました。岡村は、河川・溜池・井戸の3者によって灌漑を行なっていたのです。

次に、岡村の商工業についてみると、宝暦8年（1758）には25業種、50人、慶《けい》応《おう》3年（1867）には8業種、57人にのぼる多数の商工業者がいました。そして綿作・綿加工業の発展を反映して、宝暦8年には紺屋《こんや》（染織業者）・綿屋などの綿業関係者が8軒、慶応3年には木綿仲買が10軒いたということが特徴的です。

また、天保13年（1842）には3軒、慶応3年には2軒、明治4年には3軒の米穀小売商（米屋）がいました。これは、村人のなかに、自家では家族が食べる量の米を生産せずに、米屋から米を買っている人たちが一定の数いたということを示しています。綿作中心の農家や小規模農家では、農業を営みながらも、米は米屋から買っていたのです。

さらに、岡村は街道沿いにあったので、宝暦8年には湯屋《ゆや》（銭湯）と居酒屋が各2軒、馬持《うまもち》（馬を用いた運送業者）が3軒ありました。いずれも街道に関わる商売です。

●商工業が発展し都市化しつつも、農業が基幹

以上述べたところから、岡村のイメージをだいたいつかんでもらえたかと思いますが、あらためて同村の特徴についてまとめておきましょう。

ひとつは、綿や菜種の栽培にみられるように、商品作物（自家用ではなく、販売して利益を得るために作る作物）の生産がさかんな村であったということです。

岡村では、江戸時代後期には、自給自足的な農業からの脱却が進んでいました。綿花栽培は、自分たち家族の着物を作るためではなく、綿を商人に売って代金を得るために行なわれていました。すなわち、商品作物として栽培されていたのです。岡村を含む周辺一帯は、農業生産力の水準からみて、江戸時代後期の日本における最先進地帯でした。

さらに、村人たちは、綿花から糸を取り、それを布に織って、商人に売っていました。農産物を手工業製品に加工することで付加価値を付け、より多くの利益を得ようとしたわけです。岡村では、農村工業も発展していたのです。このように、岡村では商品・貨幣経済が浸透し、農業と工業とが結びつきつつ展開していました。また、街道沿いの村ならではの諸生業――湯屋・居酒屋・馬持など――に従事する人々もいました。

商品・貨幣経済の進展、工業や商業に従事する人々の増加、都市化の進行といった、農村というだけでは語りきれない要素の存在が、岡村のひとつの特色をなしていたのです。

岡村の第2の特色として述べたいのは、そうはいってもなお、幕末に至るまで岡村は農業生産を基軸とした社会だったということです。そして、稲作の場合はもちろんですが、綿や菜種の栽培においても、水は不可欠でした。そのために、用水利用をめぐる村の共同性が存続していました。村人たちは用水の利用法について村全体で話し合い、村の規制に従って日々の生産を営んでいたのです。

江戸時代の村は、よく村落共同体だといわれます。村人たちが生産や生活の全般にわたって強く結びついていたから、そのように呼ばれるのです。そして、村人たちが結びつく契機として中心的な役割を果たしたのが、用水や山野の共同利用だったのです。

岡村の場合には、入会山《いりあいやま》（村の共有林野）と呼べるような場所はわずかしかありませんでした。唯一まとまってあったのは、ミサンザイ古墳の墳丘《ふんきゅう》部でした。そこがこんもりと山のようになっていて、入会山として利用されていたのです。けれども、面積としては小規模なものでした。

その分、用水の利用が、村の共同性を支えていました。王水井路にしてもミサンザイ古墳の濠の水にしても、村人たちがそれを勝手に利用することはできませんでした。村人たちは、村全体のルールに従って、自分の耕地に水を引いていたのです。したがって、岡村も、都市化が進行しているとはいっても、基本的な性格としては、農業生産面での共同性によって結びついた村落共同体であったといえるのです。

まとめると、江戸時代後期の岡村は、都市化しつつある村落共同体だったといえるでしょう。江戸時代の村についてよくイメージされるような自給自足的かつ閉鎖的な社会ではありませんでしたが、しかしなお農業を基幹産業として、生産・生活のためには村としてのまとまりが不可欠であるような、そういう社会が岡村だったのです。

二　岡村の庄屋・岡田家の役割

●庄屋の役割とは

ここでは、前節で述べたような岡村の状況をふまえて、同村の庄屋を務めた岡田家がどのような村運営と経営を行なっていたかということについて述べていきます。

岡田家は、南岡に居住しており、18世紀初頭に成立した家でした。18世紀前半の経営には、3つの柱がありました。農業、商業、そして金融業です。

商業経営では、肥料と、この地域の特産品である綿を扱っていました。金融業には、大きく分けて、無担保の大口貸付と、質物《しちもつ》（貸金の担保となる物品）をとっての小口貸付の両者がありました。そして、18世紀後半になると、商業経営を縮小して、小作地経営（地主経営）と金融業を拡大していきました。あわせて、政治的には、18世紀末に岡村の庄屋に就任しています。

ここで、庄屋の村運営について若干述べます。村は、百姓たちが生活と生産を営む場であると同時に、領主が百姓たちを把握するための支配・行政の単位でもありました。村は、村落共同体と支配・行政の単位という、2つの顔をもっていたのです。

村の重要事項は百姓全員の寄合《よりあい》で決められ、村運営にかかる必要経費――村入用《むらにゅうよう》といいます――は村人たちが分担して負担するなど、村は自治的に運営されていました。また、村法《そんぽう》とか村掟《むらおきて》などと呼ばれる村独自の取り決めも制定されました。

このように村が自治的に運営された背景には、兵農分離によって武士が城下町に集《しゅう》住《じゅう》するようになり、日常的な村運営が村人たちに委《ゆだ》ねられたという事情がありました。

村の運営のためには、村役人がおかれていました。村役人は、庄屋（名主）・組頭《くみがしら》・百姓代《ひゃくしょうだい》の3者で構成されることが多く、これを村方三役《むらかたさんやく》といいました。庄屋は村運営の最高責任者、組頭はその補佐役であり、百姓代は庄屋・組頭の補佐と村政チェックをおもな職務としていました。これらはいずれも、村人が就任したのです。

岡田家は18世紀末以降、岡村の庄屋を世襲していました。庄屋の職務には、年貢の各村民への賦課《ふか》と徴収、法令の伝達、村の土地の管理、村の人口など諸種の調査・報告、村人同士の争いの調停などがあり、高札《こうさつ》の管理も職務のひとつでした。

江戸幕府の出した法令のなかでもとりわけ重要なものは、高札として木の札に記され、村の中心部にある高札場《こうさつば》に掲示されました。高札は幕府の威光を表す象徴であり、その管理は庄屋の重要な職務でした。

岡田家に伝わった大量の文書のうち、その半ばは庄屋の職務遂行にともなって作成・授受された文書です。残りの半分が、岡田家の経営や生活に関わる文書なのです。

●岡田家の小作地経営

では、再び岡田家の経営に話を戻します。19世紀前半の経営をみると、小作地経営と金融業が2本の柱となっていました。まず、小作地経営から述べましょう。

小作地経営とは、所有地を小作人に貸して耕作を任せ、小作料を取得することです。岡田家は、岡村および近隣の村々——合わせて10か村以上にもなります——に土地を所持しており、その大部分は小作に出していました。年によって若干の増減がありますが、傾向としては19世紀に岡田家の所持地は増えていき、明治4年（1871）の所持地は、174石余りでした。これは面積に直すとだいたい15町前後（15ヘクタール前後）になります。岡田家は、近隣では有数の規模の地主でした。

岡田家の所持地は、天保年間（1830〜1844）以降、岡村だけでなく、近隣の藤井寺・嶋泉《しまいずみ》・大井・林・沼《ぬま》・野々上《ののうえ》・小山などの村々にも拡がっていました。所持地がいくつもの村々にまたがっているだけでなく、そこを小作する小作人たちも複数の村々の住民でした。嘉永《かえい》2年（1849）には、藤井寺・小山・津堂・沢田・野中などの村々の人たちが岡田家の小作人になっていました。

岡田家の小作人は、嘉永2年に村内だけで92人いました。これは、全戸の約半数に及びます。そして、村内の小作人の54パーセント余りが無高でした。無高を含む小作人の多くは、自作・小作の農業だけでは十分な生活費を得られなかったので、雇われて綿から糸を取って賃金を得たり、家族の誰かが奉公に出たりと、いろいろな働き方をしていました。

ただ、幕末になっても、農業を完全にやめてしまう家は少数で、ある年は農業から離れても、次の年にはまた岡田家から土地を借りて小作するといった具合に、農業とそれ以外のさまざまな稼ぎとを組み合わせて暮らす家が大部分だったのです。

これだけの土地があり、それを多数の小作人に耕作させるとなると、その管理にはたいへんな手間がかかります。そのために、岡田家では、19世紀には複数の帳簿を使い分けて小作地を管理するというシステムを整備していました。その帳簿のひとつが、「下作宛口帳《したさくあてくちちょう》」という非常に分厚い帳簿です。「下作」とは小作のこと、「宛口」とは小作料のことです。つまり、「下作宛口帳」とは、小作人や小作料の詳細を記した帳簿なのです。毎年あるいは数年に一度、「下作宛口帳」のような分厚い帳簿を作成し、さらに補助帳簿も併せ用いることで小作地の管理を行なっていたのです。岡田家の当主は百姓身分でしたが、農作業の知識だけでなく、大量の小作地と小作人を管理する経営者としての資質も求められたのです。

そうはいっても、岡田家は全所持地の10パーセント前後、面積にして1、2町程度の土地は自作地として自ら耕作に当たっていました。家族と雇った奉公人によって、稲や綿を作っていたのです。

したがって、岡田家にとって、水利の問題は重要でした。自作地の農業経営にとって重要なのはもちろんのこと、小作人に耕作させている土地についても、そこに十分な用水が供給されなければ収穫は減少し、それは岡田家の小作料収入の減少につながったからです。

また、岡田家は、庄屋として、村全体の水利環境を維持・改善する役割を負っていました。岡田家の家系図をみると、「幕末の当主伊左衛門は、晩年には水利の問題を最重要視し、溜池を掘ったり用水路を整備したりした。彼の行為は、その後永く村に多大な利益をもたらしたので、村民は彼の徳に感謝した」と記されているのです。

●金融家として利益を追求し、かつ地域に貢献する

次に、経営のもうひとつの柱である金融業に話を移します。金融業のほうもかなり手広くやっていて、岡田家が土地を所持している村々よりもさらにひと回りふた回り広い範囲の村々の人たちに金を貸していました。弘化《こうか》3年（1846）における岡田家の貸付先の範囲をみると、道明寺・沢田・林・藤井寺・小山などの王水樋組合の村々を含みつつも、それを大きく超えていました。

和泉《いずみ》・大和両国にも貸付先をもっており、全部で30か村ほどの村々と金融関係を結んでいたのです。そして、岡田家の貸付先の多くは、村々の上層百姓たちでした。各村の上層百姓たちは、岡田家から借りた金を自家の経営のために使うだけでなく、村内の困っている人たちに又貸しすることもありました。さらに、岡田家は京都・大坂・堺の町人との取引もありました。

金融活動に関しても、やはり分厚い帳簿が作られていました。「取替帳《とりかえちょう》」などと名付けられた帳簿に貸付先ひとりひとりのデータを詳しく書き込んで管理することで、金融業をスムーズに行なっていたのです。

岡田家の金融は、二重の性格をもっていました。ひとつは、近隣・遠隔地の豪農・豪商、あるいは領主・武士との間で行なう、無担保で高額の金融です。2つめは、自村や近隣の中・下層百姓との間で行なう、土地や動産を質に取っての少額の金融です。岡田家の金融には、この2通りがありました。これは、何を意味しているのでしょうか。

まず、前者の豪農・豪商や武士との間で行なう高額の金融は、比較的大金を貸してその分多額の利子を取り、それによって岡田家の経営規模を拡大していくという意味をもっていました。一方、中・下層百姓との間で行なう少額の金融は、地域住民に生活資金を融資し、それによって地域住民の生活を保障するという役割をもっていました。

前者は、確実に利子を取得して財産を殖やすという営利目的の活動でした。他方、当座の生活資金に困っている近隣の住民に少額の金を貸すという後者の行為からは、地域住民の成り立ちを援助するという、地方名望家としての岡田家の姿がみてとれます。つまり岡田家の金融業に2つの性格があるということは、岡田家が利益を追求する経営者と、地域に貢献する地方名望家という、2つの顔をもっていることの表れなのです。

以上をまとめると、岡田家は、地主経営と金融業を2本柱として、江戸時代後期から明治にかけて経営を発展させていった豪農・地方名望家だったということになります。そして、代々の当主は明確な経営戦略をもちつつ、一方では地域住民の生活成り立ちへの配慮も怠らなかったのです。

三 村を越えた地域の結びつき

●さまざまな目的で結び合う村々

ここまで岡村と岡田家についてみてきましたが、今度は視野をさらに拡げて、岡村を越えた村々のつながりと、そのなかにおける岡田家の役割についてお話ししましょう。

岡村の範囲を越えた結びつきについては、すでにいくつかの例をあげてきました。そのひとつは、ここまで詳しく述べてきた、用水の利用をめぐる王水樋組合8か村の結合です。

2つ目には、本章第二節で述べた、岡田家が居村《きょそん》の範囲を越えて土地を所持し、村外の人々とも地主・小作関係を結んでいたこと、さらにそれよりもっと広い範囲で金融関係を結んでいたこと、自作地経営のために村外の人たちを奉公人として雇っていたこと、などがあげられます。これらも、岡村を取り巻く地域社会と岡田家との関わりを示しています。

3つ目に、岡田家に限らず岡村の人々が、婚姻や養子縁組によって、村外の人々と多様な交流をもっていたことがあげられます。このように当時の村社会というのは、けっして村ごとに完結した、閉じられた集団というわけではありませんでした。その点について、村々の連合、すなわち組合村《くみあいむら》を取り上げて述べましょう。

第一部で述べたように、江戸時代の村は、さまざまな契機によって、周辺の村々との間に多様な連合関係をもっていました。河内国において村々が連合する契機としては、とりわけ次の2つが重要でした。

ひとつは、領主の支配に関わる契機です。たとえば、幕府領の村であれば、年貢米を大坂や京都、場合によっては江戸の幕府の米蔵まで送らなければなりませんでした。それを各村がそれぞれ別々にやっていたのではお金も手間もかかるので、近隣の村々が組合村をつくって共同で年貢米の輸送を行ないました。そうすることで、費用と人手を節約したのです。

2つには、村々の側の自主的な契機で組合村がつくられました。たとえば、江戸時代の後期になると、物価水準は上昇していきます。それにともなって、奉公人や職人の給金・賃金も上がっていきます。しかしそれがあまりに高騰すると、奉公人や職人を雇う側の人々は、払うお金がかさんで困ることになります。そこで、村々では、奉公人や職人を雇う立場の富裕な百姓たちを中心に、奉公人・職人の給金・賃金を一定の水準以下に抑えようという動きが起こります。

ただ、給金・賃金の抑制は、自分の家だけ、あるいは自分の村だけで決めてもあまり効果はありません。その場合、奉公人や職人は、より高い給金・賃金を得られるほかの家や村に流れてしまうだけだからです。給金・賃金の抑制は、一定の地域全体で足並みをそろえて行なうことが必要だったのです。そこで、広範囲の村々が連合して、その地域内における奉公人や職人の給金・賃金を一定水準に取り決めたのです。こういった、村々の自主的な契機によっても組合村はつくられていきました。王水樋組合8か村も、こうした自主的な組合村のひとつなのです。

●大小さまざまな組合村が重層的に存在した

次に述べたいのは、こうした組合村は重層的に存在していた、つまり小さなものから大きなものまで何重にも重なって存在していたということです。岡村を含む幕府領の村々でつくる組合村についてみてみましょう。

岡村のつくる一番小さな範囲の組合村としては、岡村を含む周辺7か村の幕府領村々の組合がありました。その上のレベルでは、丹南《たんなん》郡・丹北《たんぼく》郡・古市《ふるいち》郡の3郡にまたがって、同じ代官の管轄下にある幕府領の村々が集まって「三郡《さんぐん》」という組合村をつくっていました。ときには、この「三郡」にさらに安宿部《あすかべ》郡を加えた「四郡《しぐん》」というまとまりをつくることもありました。

さらに、「四郡」に石川《いしかわ》・錦部《にしごり》の両郡を加えた「六郡《ろくぐん》」というまとまりもありました。いずれも、各郡内にある同じ代官が管轄する幕府領の村々の結合でした。

このように、江戸時代の組合村は各地域に1つだけというわけではなく、必要に応じて、大小さまざまな範囲で何重にも組合村がつくられていたというのが特徴です。こうした領主を同じくする組合村に加えて、王水樋組合のような用水組合（この場合は、領主の別は関係ありません）も多様に存在していました。

組合村の運営は、村々の庄屋たちが集会を開いて自治的に行なっていました。運営にかかる諸経費は、村々が共同で負担していました。そして、こうした組合村が果たす機能のひとつに、先述した奉公人・職人の給金・賃金の抑制があったのです。

岡村の庄屋であった岡田家は、村の代表として、こうした組合村の集会にたびたび参加して、村や地域の利益を守るために、ほかの村々の庄屋たちと相談しました。ときには、幕府代官所に嘆願も行ないました。そのもっとも大規模なものが、先述した「国訴《こくそ》」です（46ページ）。

●1000か村を超える村々による「国訴」

国訴とは、江戸時代後期の近畿地方で、商品経済の展開にともない、郡や国の範囲を単位として、広範囲の村々が結集して、幕府に対して行なった訴願《そがん》運動です。多いときには、1000か村を超える村々が参加しました。百姓一揆とは異なり、合法的な訴願の形態をとったところに特徴がありました。

村々の要求の中心は、綿や菜種の流通過程における大坂の問屋の独占排除でした。現在の大阪府周辺地域は綿や菜種が特産物でしたが、これを大坂の問屋が独占的に安い価格で買い取っていたのです。これは、生産者である百姓たちにとっては買い叩きにほかなりません。そこで、百姓たちは、大坂の問屋に限らず、高く買ってくれるところに自由に売りたいと思ったわけです。

彼らは、1村や数か村が要求しただけでは力が弱いので、賛同する村を増やして数の力で要求を実現しようと考えました。そして、賛同する村を募っていったところ、どんどん村々の連合が拡がって、1000か村を超える村々が結集するまでに至ったのです。こうして、数の力を背景に幕府に訴えた結果、大坂問屋の集荷独占は排除され、百姓たちの要求は実現しました。

国訴のような広域にわたる多数派の結集は、一朝一夕《いっちょういっせき》にできるものではありません。

こうした広域訴願が実現できた背景には、組合村による日常的な地域運営体制が存在していたのです。

この「国訴」という名称はいつ誰が付けたのかというと、実は現在知られている限りでもっとも古い国訴という文言は、岡田家に伝わった文書のなかに見出《みいだ》されるのです。文政6年（1823）に、綿の売買価格をめぐって、摂津《せっつ》・河内・和泉（いずれも現大阪府）の3か国の1000か村を超える村々が幕府に訴願を行ないました。それを当時の岡田家の当主が、これは3か国の百姓たちが連合して行なった訴願だから、国規模の訴え、すなわち「国訴」だということで、この訴願を記録した文書の表題に「国訴」という言葉を使ったのです。それが今日では一般に通用するようになって、この広域訴願は「国訴」と呼ばれ、今では高校の教科書にも載っているわけです。このように、江戸時代の代表的な民衆運動である国訴は、岡田家と深い関わりをもっていたのです。

ここまでをまとめると、江戸時代後期においては、村を越えた多様な地域的結合が展開しており、そのなかで岡田家は岡村の代表者、地域の有力者として政治的・経済的・社会的に重要な役割を果たしていたといえるのです。

●1つの村が複数の組合村に所属

さらに、各種の組合村の相互関係についてみてみましょう。

王水樋組合村々のなかには、ほかの用水組合の構成メンバーとなっている村がありました。たとえば、志紀小山村は、志紀郡の太田《おおた》・沼両村とともに東浦樋《ひがしうらひ》を利用していましたから、この両村とも用水組合をつくっていました。また、岡村は、溜池の利用をめぐって、藤井寺村・野中村・野々上村などと関係をもっていました。このように、1つの村が1つの用水組合だけに所属しているわけではなく、1つの村が複数の用水組合に所属していることもあったのです。

王水樋組合のなかをみると、古室・沢田・林が東3か村、藤井寺・岡・小山が西3か村と呼ばれて、それぞれひとまとまりをなしていました。王水樋組合のなかに、さらに小さなまとまりがあったのです。

このように用水利用だけをとっても、複数の用水組合が、一部ずれ一部重なり合うようなかたちで存在し、また1つの組合のなかにさらに小さなまとまりがある場合もあったのです。

次に、用水利用以外の契機に基づく結合についてみてみましょう。岡村を例にとると、同村は18世紀後半以降ほぼ幕府領であり、同じ幕府領の村々とともに、7か村組合、三郡・四郡・六郡といった組合村をつくっていました（202～203ページ）。

各種の組合村は、基本的にはそれぞれの機能ごとの結合関係として併存していましたが——用水組合は用水利用をめぐる結合、幕府領の組合村は領主を同じくすることによる結合といった具合です——、異なる契機によってつくられた組合村が相互に関係し合う場面もみられました。用水組合村々の会合の席で、別種の組合村に関する案件が一緒に協議されたりすることもあったのです。

●街道の交通量の増加がまねいた組合村同士の対立——慶応2年（1866）

慶応2年（1866）には、小山村など5か村が、誉田村など8か村——8か村の中心は王水樋組合の村々でした——を相手取って、大坂町奉行所に出訴《しゅっそ》しました。訴えの内容は、小山村を通る大和街道の交通量増加に対応するため、誉田村など8か村からも輸送業務に携わる労働力を提供してほしいというものでした。

江戸時代の主要街道には、一定間隔ごとに宿場《しゅくば》が設けられて、街道を通る荷物の輸送業務を担っていました。しかし、輸送量の増加にともなって、宿場の人馬だけでは荷物をさばききれなくなってきました。そのため、宿場周辺の村々にも輸送用の人馬の応援が求められました。この宿場に人馬を提供する村々のことを、助郷《すけごう》といいます。

時代が下るにつれてさらに交通量が増大すると、当初の助郷村々だけでは間に合わなくなってきました。そこで、今までは助郷ではなかった村々を新たに助郷に指定しようとする動きが出てきます。しかし、新たに助郷になれば、宿場に人馬を出さなければならず、村人にとってはそれだけ負担増になります。

　ですから、新たに助郷に指定されそうになった村々の側は、簡単には助郷を引き受けませんでした。そのため、従来からの助郷村々と、新たに助郷の候補になった村々との間で、対立が起こることもありました。

　ここでの事例は、従来から助郷を務めていた小山村など5か村が、交通量の増加を理由に、誉田村など8か村を新たに助郷に指定してくれるよう、幕府に求めたものだったのです。

　この訴訟は同年中に解決しましたが、翌年になっても、誉田村など8か村側は、「小山村は同じ王水樋組合の一員でありながら、われわれを相手取って訴訟を起こし、しかもその訴訟の先頭に立ったことは許せない」としておさまりませんでした。

　そこで、小山村は誉田村に詫びを入れて、「小山村は用水に関しては水下なので、今後とも変わらずお引き立て願いたい」と頼み込んでいます。これは、交通（助郷）と水利に関する組合村がその構成村を重複させつつ併存するなかで、村々の利害が相反して対立した例です。小山村と誉田村は、用水の面では協調しつつ、交通（助郷）の面では対立したのです。

　このように、異なる組合村の相互関係は、補完と対立の両面をもっていました。ただし、各種の組合村は、いずれも村単位に結合して、「百姓成り立ち」を主張の正当性の根拠に掲げている点では共通していました。用水組合が用水の利用によって百姓経営を成り立たせるための組合村だったことはもちろんです。

助郷組合の場合も、小山村など5か村が、誉田村など8か村に助郷への協力を求めたのは、そうしないと5か村の百姓が過重負担になって困窮するという理由からでした。それに対して、助郷になることを忌避《きひ》した誉田村など8か村の側は、助郷に指定されては自分たちが困窮すると訴えました。いずれの側も、「百姓成り立ち」を維持するためということで、自らの主張を正当化していたのです。助郷をめぐる争いは、「百姓成り立ち」の論理同士のぶつかり合いだったのです。

四　最上流の誉田村の内部をみる

●綿作など街道沿いならではの諸生業が成立

ここまで、岡村の内外の状況を詳しく述べてきましたが、もう1か村、今度は王水井路のもっとも上手に位置する誉田村のなかをみてみましょう（以下、誉田村については葉山禎作氏の研究に依拠しています)。

誉田村は幕府領で、天保9年(1838)に村高915石ほど、耕地面積76町1反余り、人口782人でした。高野《こうや》街道に面していたため、街道沿いの村に特有の諸生業が成立していました。

表5は、弘化2年(1845)の誉田村において、農業以外の職業従事者がどのくらいいたかを示したものです。表5にあるように、誉田村には、商人宿・駕籠《かご》屋・荷物持ちをはじめ、旅人相手の店がいろいろありました。それらも含めて、30種余りの業種に、114人が従事していることがわかります。

同村の用水事情は、40パーセントを河川灌漑(王水井路など)、30パーセントを溜池灌漑(池3か所)でまかない、残りの30パーセントは自然の降水に頼る天水《てんすい》場でした。同村は、中央部に南北に屋敷と畑が広がり、河川灌漑地域は同村の北西部と西部、溜池灌漑地域は南西部、天水場は北西部と北東部にありました。

同村では、田に綿を作ることも含めて、広範な耕地で綿作が行なわれていました。村人たちは、作った綿から糸を取り、それを綿織物にしました。綿花・綿糸・綿織物の販売が、村人たちの重要な収入源になっていたのです。

次に、村の内部の構造をみてみましょう。19世紀の誉田村では、地主と小作人の関係が広く存在していました。弘化2年(1845)には、村内の全耕地の41・4パー

職業の種類＼作付け面積	無耕作	1反未満	1反以上	2〃	3〃	4〃	5〃	6〃	7〃	8〃	9〃	10〃	
綿打職			1	1	2	1							5軒(6人)
紺屋		1											1
紺屋手間			1										1
木綿商人		1											1
商人宿	2	1											3
駕籠屋		1											1
風呂屋	1												1
煮売商い	1	2											3
菓物売	1	2	1	1	1	3				1			10
荷物持ち					1		1						2
小売米屋		1					1						2
小売醤油屋							1						1
豆腐屋		1											1
こんにゃく屋					1								1
小売酒屋							1						1
荒物屋	1	1	1										3
小間物屋		1	1		1	1							4
煙草屋						1	1						2
米搗《こめつき》職						1							1
大工職	8	9	4	1	1	2	2	1					28(37人)
木挽職					1							1	2(3人)
樽屋職		1	1										2
たたみ職		1											1(3人)
轡《くつわ》鍛冶《かじ》職		1			2								3(4人)
農鍛冶・金物屋		1						1					2
質屋						1							1
古道具屋			1	1	1	1		1					5
売菓屋	2			1									3
医師	1			1									2
寺子屋	1												1
その他		3		2		1							6

表5　弘化2年(1845)の誉田村の農業以外の職業従事者数

(　)内の人数は1軒の内に2人以上の従業者を有する場合

※葉山禎作『近世農業発展の生産力分析』所収の表をもとに作成

セントが小作地（地主が小作人に耕作を任せている土地）となっており、これは全国的にみると、同時期としてはかなりの高水準でした。

弘化2年には、農業を行なわず、表5にあるような多様な職業に従事していた家が32戸（村内全戸の20パーセント）ありました。これらの家々は、農業をしないため用水を使いません。こうした用水問題と直接の関係をもたない家が増えてくると、村内が一致団結して用水問題に対処することが難しくなってきます。しかし、誉田村の場合、農業に従事しない家がけっこうあるとはいえ、それはまだ全戸の2割にとどまっていました。そのため、まだ村で足並みをそろえて用水問題に対処することが可能な段階だったといえます。

●稲と綿をどの耕地に作付けするかは、村全体で決める

さて、誉田村では、田に綿を作るときは、同じ土地に稲と綿を隔年に作付けしていました。ある年に稲を作ると、次の年にはそこに水を入れずに畑にして綿を作るという具合です。しかし、個々の村人が、自分ひとりの判断で、所有地に稲を作るか綿を作るかを自由に決められるわけではありませんでした。

前述したように、一般的に江戸時代においては、田への灌漑の際には隣接する上手の田から順次水を引いていましたから（田越し灌漑。71ページ）、上手の田の持ち主が

一存でそこを綿作地にしてしまうと、下手の田に水が行かなくなってしまうのです。ですから、稲作地と綿作地は、村のなかでそれぞれある程度まとまっている必要がありました。

上手の田の持ち主がそこを綿作地にしたいなら、まずは下手の田の持ち主の了解を得て、下手の田でも足並みをそろえてともに綿を作るようにしなければなりませんでした。そして、下手の田はそのさらに下手の田と水利でつながっていましたから、今度はそちらの所有者とも話し合う必要が生じます。こうして、作付け作物の選択にあたっては、連鎖的に複数の村人同士が意見調整をする必要があったのです。

また、これも前述したように、村人の所有地は1か所にまとまっていたわけではなく、村内の各所にバラバラに存在していましたから、隣接する耕地の所有者が異なっているのが普通でした。その点からも、所有者同士の作付け調整は1対1の話し合いだけではすまなかったのです。

したがって、毎年、村のどの耕地を稲作地とし、どこを綿作地とするかは、村のなかで話し合って決める必要がありました。まずは隣接する耕地の所有者相互で話し合い、最終的には村全体で話し合って、その年の稲・綿それぞれの作付け地を決めていたのです。

そのため、稲作地と綿作地とは、たとえば、ある年には村の北東部に稲作地がかたまって存在し、南西部には綿作地がまとまっているというように、大まかな集団性をもっていました。上手から下手まで水利系統を同じくする耕地群には、同じ作物を作付けする必要があったからです。そして、翌年には、北東部の稲作地が今度は綿作地になり、逆に南西部の綿作地が稲作地に変わるというように、稲作地と綿作地は年々村のなかでその位置を移動させていたのです。

このように、稲作地と綿作地とがそれぞれまとまりをもちつつ、毎年その場所を変えているというのが、誉田村の農業の特徴でした。綿作の発展は、村のまとまりを解体させるのではなく、逆に村のまとまりを前提にすることによって実現したものだったのです。商品作物栽培の展開（商品経済の発展）にともなって村のまとまりは崩れていくように思われがちですが、実際はそうではありませんでした。

そして、田に稲と綿を交互に作るというあり方は、河内国南部の多くの村々に共通していましたから、こうした作付け地の集団性と移動性・互換性は、誉田村だけのことではなく、周辺村々にも広くみられた現象でした。

誉田村には、50～60石程度の土地を所有する地主もいましたが、その地主も、村で決めた作付け地の調整には従っていました。このように村全体で作付け地の調整がなされるということは、同時に用水の配分の調整も村全体で行なうことを意味しました。稲作地には十分な水が必要ですが、それに比べて綿作地はより少ない水で足ります。

したがって、ある年に稲作地の場所を決めるということは、同時に村に来る用水を村内でどのように分配するかを決めることでもあったのです。

こうした事情があったため、水をめぐる村のまとまりは、幕末まで崩れることはありませんでした。また、誉田村は、19世紀に4度にわたってほかの王水樋組合村々と水争いを起こしており（前述）、それも村人たちの結束を強めることにつながったでしょう。

安政《あんせい》2年（1855）10月には、誉田村で、庄屋の辞職にともない、後任を決める必要が生じました。このとき、村人たち63人は、「近年は干ばつが続いているため、王水樋組合の下手の7か村が年々いろいろと新規の主張を行なっています。誉田村ではそのたびに対応せざるを得ず、迷惑しています。ですから、しかるべき人物が後任の庄屋にならなければ、他村との水争いへの対応も十分行き届かないことになってしまいます」と述べています。

これはあくまで誉田村側の言い分ですが、ここからも村人たちにとっての用水の重要性はわかります。村を代表する庄屋の重要な資質として、水争いで他村に負けないような訴訟遂行能力が求められたのです。

第五章 水から見た明治維新

近代がもたらしたもの

本章では、用水利用に関して、江戸時代（近世）から近代への転換期に起こった変化についてみていきます。村や百姓にとっての明治維新を、水利の面から明らかにしようということです。明治維新という巨大な政治変革を経ても、百姓たちの日々の暮らしは続けられました。しかし、一見不変にみえる村のなかにも明治維新の影響は避けがたく、及んできたのです。それは、どのようなものだったのでしょうか。

●本章で述べること

日本の村は、水田稲作農業のあり方に規定されて、「水と山の共同体」であるといわれてきました。田を灌漑《かんがい》する用水と、肥料としての草や木の枝を採る入会山《いりあいやま》（村や村々の共有山野）の共同利用を不可欠の要素として結びついた集団だということです。

そして、明治維新は、社会と国家の全体にわたる大きな変革でした。そこには、近世から近代を通じて変わらなかった側面と、近世から近代に移る過程で大きく変わった側面の両方が含まれていました。

この点は、用水利用についても同様です。ただ、用水利用に関しては、従来は変わらない側面のほうが強調される傾向にありました。たとえば、「明治維新の前後を通じて、用水をめぐる村人の生産・生活のあり方には顕著《けんちょ》な変化はみられず、村が大きく変貌するのは1960年代の高度経済成長期のことであった」、「明治維新で大きく変わったのは政治体制であり、百姓たちの日々の暮らしは変わることなく続けられた」というように説明されてきたのです。

私も、高度経済成長期に大きな変化があったことは認めますが、明治維新期における変化も無視できないと考えています。この点を、1つの地域に即して、具体的に明らかにしようというのが本章の目的です。

前にも述べましたが、本書で主要対象にしている河内国南部の地域（現大阪府藤井寺市・羽曳野市）では、河川灌漑と溜池灌漑を2本柱としており、さらに井戸も多数掘られていました。そのうち、本章で主として扱うのは溜池灌漑です。なお、当地域の溜池は、それぞれ独立して存在していたのではなく、複数の溜池が相互に水路で結びついていました。これを、システム・タンク方式といいます。

一　天皇陵の溜池をめぐる争い、始まる

●岡村、天皇陵の濠からの取水の妨げになると、野々上村・野中村を訴える
——明治15年（1882）

まず、明治15～16年（1882～83）に、大阪府丹南《たんなん》郡岡《おか》村（現藤井寺市）と同郡野々上《ののうえ》村（現羽曳野市）・野中《のなか》村（現藤井寺市）との間で争われた、溜池灌漑をめぐる訴訟についてみてみましょう。岡村については、第四章で詳しくみました。明治になって、大阪府に属したわけです。

この訴訟は、明治15年4月4日に、岡村の今中俊平《いまなかしゅんぺい》が岡村人民総代（岡村の村民代表）として原告となり、「用水の取水の妨げとなる新設の水路を撤去してほしい」旨

の訴状を堺始審裁判所《さかいししん》（現在の地方裁判所にあたります）に提出したことから始まりました。原告の主張の要点は、次の通りです。

①岡村では、昔から、同村にある仲哀《ちゅうあい》天皇陵（以下「仲哀陵」と略称します）の周囲に廻らされた濠《ほり》（当時、地元では「陵池《りょういけ》」と呼んでいました）の水を灌漑用水に用いてきました（当地域一帯には古市《ふるいち》古墳群があり、古代の天皇・皇族陵とされる陵墓《りょうぼ》が現在も多数存在しています）。

この陵池の水は、被告野々上村で余った水（排水）を、飛ケ《とびが》城池《しろいけ》という溜池を経由して引いてきたものです（前述のシステム・タンク方式です）。これが旧来からの慣行であることは、江戸時代以来の証拠書類の存在によって明らかです。

②ところが、今般、被告の両村（野々上村と野中村）は、野々上村領内の戸井《とい》土《ど》という場所に新しく溝を掘り、野々上村の余り水を野中村へ流そうとしています。そのようなことをされると、岡村の取水の妨げとなるので、被告両村に新規のことはやめるよう掛け合いましたが、被告側はこの溝は古くからあるものだと主張して譲りません。しかし、被告側は、溝を掘るに際して、「溝新築《みぞしんちく》御願《おねがい》」を提出しており、この「新築」という表現からもこの溝が旧来からのものではないことが明白です。よって、被告側が新しく掘った溝を埋め戻すよう

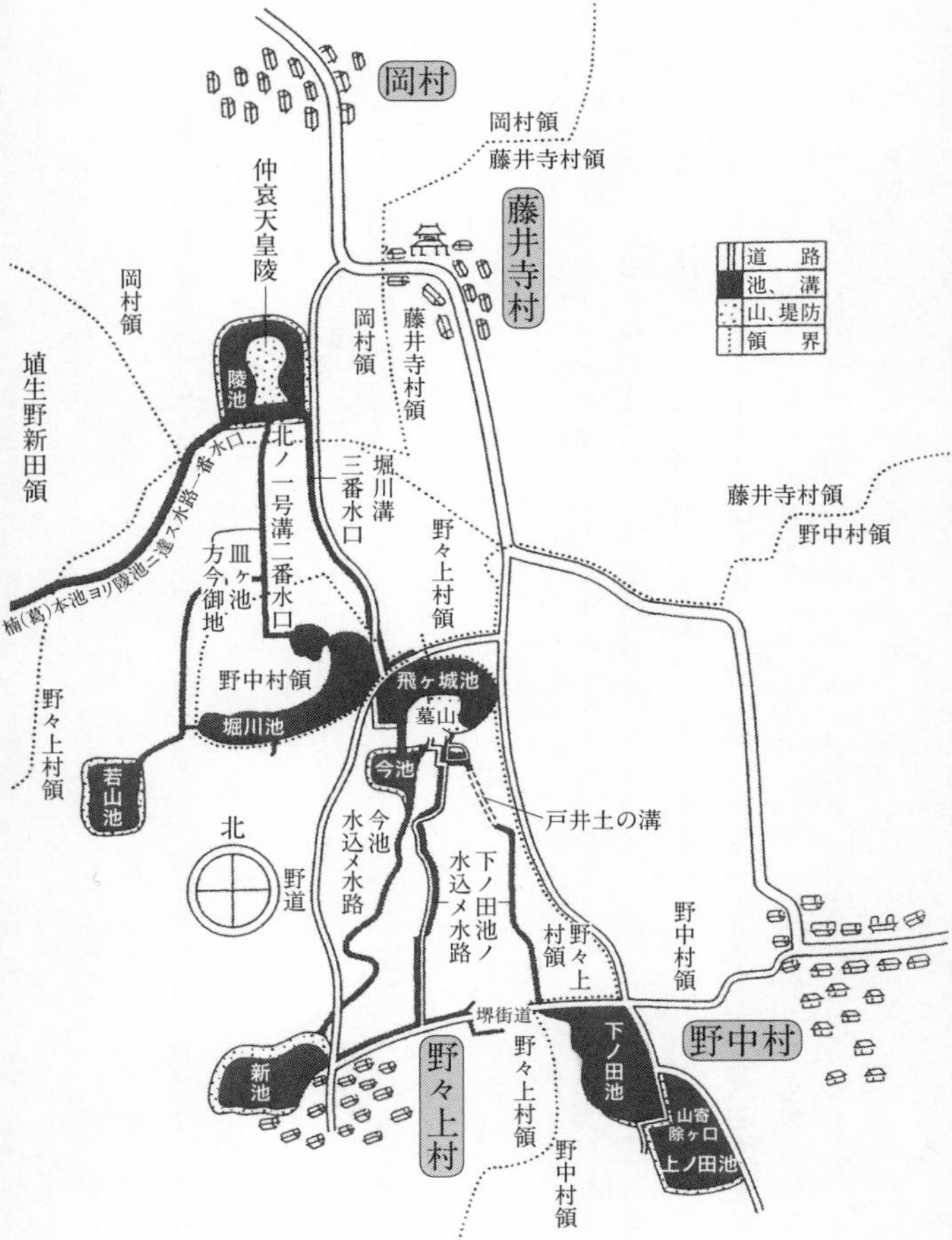

図 11　訴訟の過程で作成された絵図

※『藤井寺市史』第10巻史料編 8上に所収の図をもとに作成

命じてください。

岡村では、野々上村が余り水を新設の溝によって野中村のほうに流すことにより、飛ヶ城池、ひいては陵池に水が来なくなって、岡村の農業に支障をきたすと主張しているのです。

以上の原告の主張に対して、明治15年4月24日に、野中村の村人78人の代理人となった大阪府南《みなみ》郡中《なか》村平民大矢通《おおやとおる》と、野々上村人民総代松村清三郎《まつむらせいざぶろう》とが連名で、堺始審裁判所に答弁書を提出しました。そこでは、次のような主張が述べられていました。なお、大矢通は代言人《だいげんにん》（現在の弁護士にあたります）でした。

①岡村が陵池の水源は野々上村の余り水であるというのは事実に反しています。陵池の水源は、第一に陵池の西方1キロメートル余りにある葛本池《くずもといけ》であり、第二には野々上村の若山池《わかやまいけ》と野中村の堀川池《ほりかわいけ》です。

そして、第三の水源として、野々上村の新池から発して、同村の領域内にある今池《いまいけ》に至る水路があります。今池が満水のときには余り水が飛ヶ城池に注ぎ、飛ケ城池も満水になるとその余り水が岡村の陵池に流れ込むのです（各池の位置関係については図11を参照してください）。

いずれにしても、野々上村の戸井土の溝は、野々上村の用水路兼排水路であり、同時に野中村の用水路であって、陵池への取水の妨げとなるものではありません。

②原告の第三号証（第三号の証拠資料、これについては後述します）にある「魚《うお》代《だい》」とは、陵池の魚代のことではありません。なぜなら、いずれの陵墓においても、濠の魚を獲ることは禁じられているからです。よって、岡村から野々上村に魚代を払っているからといって、陵池の水源が野々上村の余り水だという証拠にはならないのです。

③戸井土の溝が古くからあったことは、皆がよく知っています。

しかし、仮にこの溝が新設されたものだとしても、原告の主張は成り立ちません。なぜなら、被告両村はこの溝によって下ノ田池《しものたいけ》（野中村の溜池）へ水を引いており、藤井寺・岡両村は幸運にも余り水があるときだけそれを利用できるにすぎません。したがって、被告両村の水利用に対して岡村が口をはさむ権利はないのです。

以上が、被告側の主張です。このうち③の論理は、後に、もっと明確なかたちで強調されることになります。

また、②で問題となっている原告第三号証とは、明治9年（1876）以降、野々上村から岡村に渡してきた、魚代と用水路使用料の受取証のことです。つまり、岡村は野々上村に、毎年魚代と用水路使用料を払っていたわけです。ここでは、岡村から野々上村に支払われた魚代が陵池に関わるものかどうかが争点となっており、被告側は魚代が陵池とは無関係だと主張しているのです（この点は、さらに後述します）。

●岡村の主張「旧来からの慣行を守る者は正しい」——攻防第2ラウンド

以上の原告・被告双方の主張によって、この訴訟の争点がどこにあるかはほぼ明らかになったと思います（けっこう込み入ってはいますが）。原告側は、被告が戸井土に新たに掘った用水路によって原告の取水が妨げられているので、旧来通りに水路を埋め戻してほしいと主張しています。それに対して、被告側は、戸井土の溝は古来よりあるものであり、原告の取水の妨げにはなっていないと主張しているのです。

では、次に、原告・被告の第2ラウンドの攻防をみることによって、双方の主張の論理構成を明らかにしていきましょう。

明治15年5月16日に、原告今中俊平と代言人馬場《ばば》恒基《つねもと》（大阪府堺区の平民）が、堺始審裁判所に提出した反論書の内容を、次に示します。これは、4月24日付の被告側答弁書（222ページ）への反論です。この時点では、原告側も馬場恒基という代言人を立てていました。

①被告は、陵池の水源が3か所であると主張していますが、実際は、被告のいう「第三の水源」のほかに、新池から今池に注ぐもう1本の水路があります（これは、第四水路と呼ばれていました）。この水路と戸井土の新規の溝とはつながっていて、前者から後者へ水を流すと、今池に入る水量が減少し、ひいては陵池の水量も減少してしまうのです。このように、戸井土の新規の溝と岡村の用水事情とは密接に関連しているのです。

②魚代の件について。仲哀陵が「発見」されたのは、20年ほど前のことにすぎません。それ以前は陵池の魚は自由に漁獲できたのであり、よって古来より陵池の魚代を払ってきたというのは不自然なことではありません。「魚代」の語は、今日においても慣行的に使われています。

③被告側が、戸井土の溝は昔からあったものだと強弁するならば、その証拠をあげるべきです。その立証責任は被告側にあり、立証できない以上は被告の主張は口先だけのことにすぎず、とうてい承服できません。

以上の点に続けて、原告の反論書には次のようにあります。元の文書の雰囲気を味わっていただくために、原文に近いかたちで引用してみましょう。ただし、読みやすくするためにいくらか手直ししてあります。それでも読みにくければ、とばしてくださってけっこうです。

前条々ノゴトク、本訴ノ論所、則《すなわ》チ戸井土ハ原告陵池ニ関係シ、ソノ妨害アル事ハ明瞭ニシテ、マタ該所ノ新築ナル事モ明ラカナリ。故《ゆえ》ニコレガ除却ヲ要《もと》ムルハ相当（妥当）ノ事ト信認セリ。而《しか》シテ元来水路等ノ事タル、擅《ほしいまま》ニ変換シ得ベカラザル事ハ喋々《ちょうちょう》（多言なさま）論ズル迄《まで》モナケレバ、ココニ贅《ぜい》セズトモ（余計なことを述べなくても）、判官《はんかん》（裁判官）閣下《かっか》ノ知了《ちりょう》（知り尽くすこと）セラル処ナリ。殊《こと》ニ本訴第四水路ノゴトキハ、……古《いにしえ》ヨリ疏通シ来《きた》リタルモノナレバ、被告村ハ宜《よろ》シク古来ノ慣行ヲ守リ、務《つと》メテ原告村へ効用ヲ与フベキハ自然定マリタル義務ニシテ、又原告村ハコレヲ使用スルノ権利アルモノナリ。

この文書の要点は、以下の通りです。

戸井土の溝が陵池からの灌漑を妨害しており、また同溝が新築であることも明らかです。よって、その埋め戻しを求めるのは当然のことです。もともと、用水路の現状をほしいままに変更することができないのはいうまでもありません。第四水路は古くからあるのですから、被告両村には、古くからの慣行を守って、原告村の利便を図る義務がありますし、原告村には、第四水路から来る水を使用する権利があります。

以上のような岡村の主張の特徴は、旧来からの慣行であることを自らの主張の正しさの主たる根拠にしていることです。そして、こうした「旧来からの慣行を守る者は正しい」という論理は、江戸時代の用水をめぐる争いにおいて広くみられたものでした。すなわち、岡村は、江戸時代以来の考え方に立って訴訟を勝ち抜こうとしていたのです。

●幕末に「発見」された天皇陵

なお、先にみた争点②の「魚代」にかかわって補足しておきましょう。仲哀陵は、江戸時代においては「ミサンザイ」と呼ばれていました。陵墓を「ミサンザイ」と呼ぶことがあるので、江戸時代から、そこが古代の有力者の墓らしいということは認識されていたのでしょう。けれども、被葬者が誰かははっきりしていませんでした。

それが、宇都宮藩戸田《とだ》氏による「文久の修陵《しゅうりょう》」（後述）によって、仲哀天皇の陵墓であると認定されたのです。陵墓だと認定されたからには、それを立派なものに修復しなければなりません。そこで、元治《げんじ》元年（1864）5月に修造に着手され、工事は翌年2月に完成しました。まさに、仲哀陵をはじめとする歴代天皇陵は、幕末期に「発見」されたのでした。

岡村側は、「『ミサンザイ』が仲哀天皇の陵墓だと認定される以前は、陵池において自由に漁猟《ぎょりょう》ができたが、認定以降は陵墓を管理する担当者が置かれ、漁猟も禁止された」と主張しています。原告の今中俊平は、明治11年（1878）から12年にかけて仲哀陵の管理担当者をしていましたから、その主張は事実であると思われます。

岡村側は、「江戸時代には、陵池で自由に魚を獲ることができた。当時は、陵池が仲哀陵の周濠《しゅうごう》だという認識がなかったからである。そして、陵池の水は野々上村から来ているので、岡村では、漁猟や用水利用の対価として、野々上村に『魚代』を払ってきたのである。したがって、この『魚代』の支払いは、岡村が野々上村で余った水を用水に利用する権利を有することの証拠となる」と主張しているのです。

岡村が理由もなく「魚代」を支払うはずはない↓「魚代」は野々上村の余り水を利用する対価として払ってきた↓これは、岡村がずっと野々上村の余り水を利用してきたことの証明である↓よって、岡村はこれからも従来の慣行通り、野々上村の余り水を利用する権利がある、という論法です。

陵墓の周濠での漁猟禁止がいつ始まったことなのかを考慮しない被告側に対して、原告側は、それは幕末における仲哀陵の「発見」以降のことにすぎないと具体的に反論しているのであり、この点では原告側の主張により説得力があるといえます。

●農業生産にとって重要な場だった江戸時代の古墳と、「文久の修陵」

ここで、江戸時代の陵墓と「文久の修陵」について述べておきましょう。

現大阪府域には、古代以来多数の古墳が存在していました。そのなかには、天皇の陵墓もありました。しかし、中世に政治の実権が武士の手に渡ると、陵墓の被葬者が誰かはしだいに曖昧《あいまい》になり、陵墓の管理も行き届かなくなりました。

幕末には、一部の陵墓の墳丘《ふんきゅう》部には畑が拓かれたり、墓地が造られたりしていました。石棺《せっかん》が地表に露出し、石棺のなかに水が溜まっている所もありました。

墳丘部の畑からは、領主に年貢が納められていました。ということは、領主も、陵墓の耕地化を認めていたということです。また、古墳の周濠が埋まってしまい、そこが田畑になっていたりもしました。

墳丘部は、草や木の枝を採取する場としても利用されていました。入会山になっていたのです。また、周濠は溜池となり、その水は用水に用いられました（岡村の場合もこの一例です）。このように、古墳は、周辺村々の百姓たちにとって、農業生産になくてはならないものとなっていたのです。その過程で、墳丘が削平《さくへい》されるなど、古墳の形状が変更されることもありました。

大仙陵山《だいせんりょうやま》（仁徳《にんとく》天皇陵古墳、現大阪府堺市）の墳丘部は、季節的に仮小屋が建てられ、そこで酒宴が催されるなど、遊興の場所にもなっていました。

幕末に尊王思想が高まってくると、こうした状態を改善すべきだとする動きが現れました。そうしたなかで、文久2年（1862）に、宇都宮藩主戸田忠恕《ただゆき》は、幕府と朝廷の許可を得て、陵墓の比定・造営に着手しました。どこの古墳がどの天皇の陵墓なのかを確定したうえで、そこを陵墓にふさわしい立派なものに修復・造営したのです。これを、「文久の修陵」といいます。修陵事業は、文久3年から元治2年（＝慶応元年、1865）にかけて集中的に行なわれました。

修陵事業のなかで、多くの古墳が天皇の陵墓と位置付けられましたが、それによって周辺村々の利用は制限されるようになりました。「尊い天皇陵を、下々の者が勝手に荒らすなど、もってのほかだ」というわけです。そのため、墳丘部にあった耕地は撤去され、埋まっていた周濠は浚渫《しゅんせつ》されて、元のように水がたたえられました。

元治2年には、「周濠の水を、ほしいままに使ってはならない。干ばつのときでも、濠が干上がるようなことがあってはならない」と定められました。しかし、これは用水としての利用の全面禁止ではなく、節度を保った利用であれば認めるということを意味していました。ただし、それまでは自由に行なうことのできた周濠での漁猟は禁止されました（野々上村が、この漁猟禁止を古くからのことだと主張したのに対して、岡村が、それは「文久の修陵」以降のことにすぎないと反論したことについては前述した通りです）。

また、墳丘への立ち入りは、原則として禁止されました。ただし、墳丘の掃除のための立ち入りは認められ、その際に刈り取った草や木の葉を百姓たちが利用することはできました。掃除の第一目的はあくまで陵墓の整備にありましたが、結果的に百姓たちの利益にもなったのです。また、枯れ木や倒木《とうぼく》が、百姓たちに入札によって払い下げられることもありました。このように制限はかけられながらも、百姓たちによる墳丘の草木の利用は継続されたのです。

とはいえ、江戸時代のような、自由な入会利用は許されなくなったため、百姓たちの農業経営には大きな影響が出ました。また、掃除や枯れ木・倒木の払い下げは入札によったため、他村の者が落札することもあり、その場合は必ずしも地元村の利益になるとは限りませんでした。

さらに、明治になると、墳丘に生えていた落葉樹が伐採され、代わって松・杉などの常緑樹の植樹が進められて、墳丘の植生《しょくせい》は大きく改変されました。明治政府は、雑《ぞう》木《き》を伐って、陵墓の景観を整備しようとしたのです。

●応神天皇陵古墳の溜池からの取水を許された王水樋組合村々

誉田御廟山《ごびょうやま》（応神天皇陵古墳、現大阪府羽曳野市）は、江戸時代には誉田八幡宮の境内に続く社地であり、八幡宮によって、その被葬者が応神天皇であるという伝承が受け継がれてきました。このように、古墳が神社・寺院の境内やその付属地になっている所もあったのです。

誉田御廟山は誉田八幡宮によって管理されていたとはいえ、その周濠は江戸時代にはほぼ埋まっていました。それが「文久の修陵」によって浚渫され、元治元年からは古室・沢田・林3か村に、周濠からの取水が許可されました。

誉田御廟山の場合には、江戸時代には溜池としての機能を果たしていなかったものが、「文久の修陵」によって水源となったのです。許可制ではあっても取水が認められたのは、百姓たちにとってはありがたいことでした。

ちなみに、誉田御廟山は元治元年5月に修陵に着手され、同2年2月に工事が完了しています。かかった経費は990両でした。

岡村の「ミサンザイ」（仲哀陵）は、中世には城が築かれていました。

幕末には、墳丘部に53の区画に分割された部分があり、そこは百姓の所有地になっていました。また、墳丘部の下草《したくさ》は、毎年2月に、百姓たちが刈り取って肥料に用いていました。

江戸時代にも、そこが天皇陵だとの言い伝えはあったようで、下草刈りのときには風が荒れ、雷が鳴り、霰《あられ》や氷雨《ひさめ》が降るといわれていました。それは、被葬者の霊が、百姓たちの勝手な立ち入りを怒っていることの表れだと思われたのでしょう。百姓たちは、天皇陵に入っているという意識は漠然《ばくぜん》ともちつつも、農業利用を継続していたのです（※）。

前述のように、「ミサンザイ」の周濠は「陵池」と呼ばれ、溜池として利用されていました。寛延《かんえん》3年（1750）には、水不足のため、野中村の領域内に新たに水路を掘って、その溝から、野々上・野中・藤井寺各村の余り水を陵池に引き入れるようにしました。そして、水路の使用料として、米3斗を、野々上村と野中村に隔年に払っています（以上、江戸時代の陵墓と「文久の修陵」については、外池昇『幕末・明治期の陵墓』に依拠しています）。

※天皇陵をめぐる伝承には、次のようなものもありました。河内国丹南郡黒山《くろやま》村には、天皇講という講組織（信仰を同じくする人々の集まり）があって、毎年集まりをもっていました。天皇講については、次のような話が伝わっています。いつのころか、17人の村人たちが古墳を盗掘したところ、17人全員が死亡してしまいました。なかの1人は、石棺から白い煙のようなものが天に飛散し、そ

のなかに神の像をみたということです。死亡した17人の子孫は、その罪を償うために、毎年事件の日に集まって、先祖がみたという神の像を模写したものを壁にかけてお祀りしているというのです。こうした話は、各地に伝わっています。

なお、余談ですが、私が生まれ育った東京都世田谷区の家の近くにも古墳があり、子どものころはしょっちゅう墳丘に登って遊んでいました。そのころ、祖母から、昔古墳を盗掘した村人がいて、その人が祟《たた》りに遭ったという話を聞き、怖い思いをしたことを今でも覚えています。

二 欧米直輸入の「所有権」という論理

●「被告は水源の所有者だから、何をしても自由である」——野々上村・野中村の反撃

また、話を岡村と野々上・野中両村との訴訟に戻しましょう。先に、原告側（岡村）が「旧来からの慣行を守る者は正しい」という論理を用いて、自らの正当性を主張したというところまで述べてきました。

以上のような原告側の主張に対して、野々上・野中両村の側は、大きく異なる論理を持ち出してきました。そのことを明瞭に示すのが、明治15年5月29日に、野々上村

の松村清三郎と野中村人民代理の代言人大矢通の両名が裁判所に提出した上申書です。その核心部分を次に引用しておきましょう。

①ソモソモ原告ガイワユル第四ノ水路ト唱フル溝ハ、実ニ被告ハソノ水源ノ所有者ナレバ、自己ノ意ニ随ヒ該《がい》溝ヲ或《あるい》ハ使用シ、或ハコレヲ他ニ授受譲与、則チ処分権ハ素《もと》ヨリ吾《わ》ガ全権ニアル者ニシテ、被告ガ往古《おうこ》ヨリ是《これ》ガ字《あざ》（村内の小地域の名）ヲ拾五町溝《じゅうごちょうみぞ》或ハ八王寺《はちおうじ》溝《みぞ》ト称シ、被告野々上村耕地灌漑ノ水路及ビ野中村下ノ田池ニ引水スル水路ナリ。故ニ原告ガ論所ニ関シ間接ノ証ヲ呈出シ我意ヲ逞《たくまし》フセント欲スルモ、ケダシ原告ハ毫《ごう》モ（少しも）干与《かんよ》（関与）スル所ニアラザルナリ。

今、仮ニ原告ハ第四ノ水路ニシテ今池東北偶（隅）ニ入ル溝ナリトノ虚誕《きょたん》（うそ、でたらめ）ヲ信認シ、コレヲ論駁《ろんばく》センモ、被告ハ素ヨリソノ水源ノ所有者ナレバ、或ハコレヲ左右シ、或ハコレヲ縦横《じゅうおう》シ（自由にすること）、コレヲ全然処分スル権利アリ。

故ニ原・被両造《りょうぞう》（双方）ノ間ニオイテ確乎《かっこ》不《ふ》抜《ばつ》（確固としており動かしがたいこと）ノ契約証アルカ、将《は》タ（または）往古ヨリ習慣ノ在《あ》リアッテ、原告ガ被告ヲ拘束スル事実、即チ法律ニイワユル経時《けいじ》効《こう》ナル者アルヤ否《いな》ヤ。

今イヤシクモ此《この》二ノ者（契約証と経時効）ナキ以上ハ、原告ガイカニ我意ヲ逞フセント欲スルモ、ソノ水源ノ所有者タル被告ニ対シ、アタカモ蟷螂《とうろう》（カマキリ）ノ水車ニ逆《さから》フガゴトク、被告ノ完全ナル所有権ヲ妨害スル能《あた》ハザルヤ、照《しょう》照乎《しょうこ》（明らかなこと）トシテ諸《もろ》ヲ掌《たなごころ》ヲ指スガゴトシ（物事がきわめて明白なさま）。

②原告ニオイテ第四水路ヲモツテ古ヨリ陵池ニ疎通シ来リタルモノナレバ、被告宜《よろし》ク古来ノ習慣ヲ守リ、務メテ原告ニ効用ヲ与フベキハ自然定リタル義務ナリト構言《こうげん》スルモ（こじつけても）、是《これ》全ク原告ノ虚述ト言《いわ》ザルベカラズ。何トナレバ、原告第壱号証ニ由《よ》リコレヲ見レバ、該陵池ノ水路タルヤ既ニ寛《かん》延《えん》年度（１７４８〜１７５１）ニオイテ、夫々《それぞれ》契約証アリ。シカルニ、論所及ビ十五町溝ニオイテハ古来ヨリ未《いま》ダカツテ契約ヲ為シタル事アラザルナリ。シカルニ、原告ハ十五町溝ハ被告野々上村領ニシテ、該溝ニ流出スル水ヲ原告ハコレヲ専用シ得ルト言フトキハ、該溝ニ対シ特ニ確乎《かっこ》（確固）タル契約証ノアルカ、モシクハ古来ヨリ其《その》溝敷地米金（用水路使用料として支払う米や金）等ニテモ被告野々上村へ差入ル、ト言フカ、否是《いなこれ》トテモ此皆拠《これみなよ》ルベキ証跡モナシ。

果シテシカラバ、仏国《フランス》民法ニ已《おのれ》ノ土地内ニ水源ヲ有スル者ハ随意ニコレヲ用フル事ヲ得べシ云云《うんぬん》。又他ノ律書（法律書）ニ、イヤシクモ水源ノ所有権ヲ有スル者ハ自己ノ意ニ随ヒ其水ヲ使用シ、及《および》自然隣地ニ流ル、其余水ヲ隣人ニ与ヘザル事ヲ得べシ云云。

ケダシ其要領ハ、即チ低下ノ地ノ所有者ハ高上ノ地ヨリ流下スル水ヲ受クルノ義務アリトイエドモ、高上ノ地ノ所有者其水源ヨリ生ズル水ヲ悉《ことごと》ク使用シテ、低下ノ地ノ所有者ニ与ヘザル事ヲ得ルノ意ナリ。ソレ法理実際此《かくの》ゴトクナルトキハ、則チ原告言フゴトク、第四水路ヲモツテ古ヨリ陵池へ疎通シタルモノナレバ、被告宜《よろしく》古来ノ習慣ヲ守リ務メテ原告ニ効用ヲ与フべキ云云ハ、素ヨリ徒労ニ属スルヤ吾《わが》言ヲマタザルナリ。

●旧来の慣行に依拠する岡村と、フランス民法典に依拠する被告側

以上2点の史料はいずれも興味深い史料なので長い引用をしましたが、①の要点は、次の通りです。

原告（岡村）がいうところの第四水路に関しては、被告（野々上）がその水源の所有者なのですから、その用益・処分の全権は被告にあります。

原告が、第四水路は今池に流入しているというのは事実に反しますが、仮に原告の主張を認めるとしても、水源所有者たる被告がそれを自由に処分できることには変わりありません。

ただし、原告・被告双方の間に確かな契約証があるか、または旧来の慣習によって原告が被告の行為を拘束しているという事実があるか、そのいずれかであれば、原告の主張は成り立ちます。しかし、そのいずれも存在しない以上、原告は、被告の完全なる所有権を妨害することはできません。

①では、旧来からの慣行にも若干の配慮はなされていますが、議論の力点は明らかに所有権の絶対性の主張にあります。被告に水源の所有権がある以上は、その水をどう使おうと所有者＝被告の自由だというわけです。ここでは、水下の村人たちの農業への影響は考慮されていません。

こうした論理は、当地域における江戸時代の水利関係の訴訟においては主張されたことがなかった新規の論法であり、明治維新時に欧米から輸入された、近代的所有権の絶対性という主張から影響を受けて展開されたものでしょう。近代的所有権の絶対性の主張とは、所有権は絶対不可侵の権利であり、所有権者はその所有物を自由に利用・処分できるとする考え方のことです。

次に、②の概要を述べましょう。

原告が第四水路の水について権利を主張したいならば、確かな契約証があるか、あるいは古くから野々上村に水の使用料を払っているか、いずれかの事実がなければなりませんが、そうしたことはありません。

フランス民法典その他の法律書には、「低い所に土地を所有する者は高い所から流下する水を受ける義務があるが、高い所に土地を所有する者は所有地内の水源より生ずる水をことごとく使用して、低い所の土地所有者に与えなくてもよい」と記されています。法理はこのようなものなのですから、原告の主張は徒労に終わるだけです。

②では、①と同様の論理がより明確に述べられています。すなわち、所有権の絶対性が強調され、それが当時のフランス民法典などによって根拠づけられているのです。かたや、江戸時代以来の慣行を主張する岡村。かたや、所有権の絶対性という新たな輸入の論理に依拠する野々上・野中両村。この両者の違いは、双方が証拠物件として提出した書類にも表れています。

岡村が明治15年4月4日に提出した5点のうち1点は、寛延3年（1750）のもので、ほかの1点は明和《めいわ》7年（1770）のものでした（残る3点は明治期のもの）。これに対して、野々上・野中両村が明治15年5月29日に提出した証拠書類4点は、いずれも明治12年（1879）～15年という新しい時期のものでした。

岡村は、慣行の古さを示すために100年以上前の文書を提出し、野々上・野中両村は、訴訟の時点における権利関係の現状を示すために、過去数年以内の新しい文書を提出したのです。

●被告側の戦術転換

このように対照的な姿勢で訴訟に臨んだ双方でしたが、被告側は途中で論理構成を転換します。すなわち、明治15年7月15日に、被告側代言人玉置《たまき》格（この時点で代言人が交代しています）から堺始審裁判所に提出された口供書《こうきょうしょ》（供述書）においては、被告が戸井士に新しく溝を築いたかどうかは些末《さまつ》なことだとして、次のように強調されています。

岡村の陵池に直接の影響を与えるのは藤井寺村の飛ケ城池（飛ケ城池は野々上村の領域内でしたが、所有権は藤井寺村にありました）であり、同池は野々上村の耕地の余り水と今池の余り水を受け入れています。したがって、原告と被告は、飛ヶ城池を間に挟んで間接的に関係しているにすぎません。ですから、原告は、水利に支障があるなら藤井寺村を責めるべきであり、直接関係のない被告を責める権利はありません。

ここにおいて、被告側は、「原告・被告間に直接の利害関係はないのだから、原告は被告を訴える資格をそもそも欠いている」という論法を取るに至ったのです。そこでは、所有権絶対の主張は、もはや声高《こわだか》に語られてはいません。この変化がどうして起こったのかを示す史料は、残念ながら残されていません。ただ、審理の過程で、被告側が、所有権絶対の主張では勝訴は難しいとの感触を得たからではないかという推測は成り立つでしょう。そして、立論の変更は、大矢通から玉置格への代言人の変更をともなっていました。

ここで、代言人に関して、ひとつの疑問が生じます。被告側がいう所有権絶対の論理は、法律に詳しい代言人がもたらしたもので、村人たちには無関係なところで主張されたものだったのではないかという疑問です。その点に関して、野中村における次のような事実をあげておきましょう。

①明治15年7月1日には、村会《そんかい》（村議会）議員22名ほど（天保4年〔1833〕の野中村の戸数は140戸でした）が集まり、それまでの代言人大矢通を解任したことと、

新たに玉置格に代言人を依頼することが報告され、それについて議論されました。

②同年9月17日夜には、21名の参加で村会が開かれ、始審（第一審）での敗訴（後述）を受けて、新たに大藤高敏《おおとうたかとし》に代言人を依頼することと、示談の方針でいくことが決められました（実際には、代言人は大藤に交代しましたが、訴訟は以後も続けられました）。

③公判には、野中村から毎回村民が傍聴に出かけて行ったと思われます。少なくとも、4月22、25日、5月6、11、16日、6月7日、7月3、15日、8月5日（始審の判決のあった日）には傍聴人を出しています。傍聴人は、戸長《こちょう》（村長）・村会議員たちでした。

以上の事実から、少なくとも村会議員たちの間では、訴訟の進め方や代言人の変更などについての議論がなされ、また公判の傍聴も行なわれていたことがわかります。ですから、仮に所有権絶対の論理は代言人が村人たちに示したものであったとしても、村人たちがそれについて無理解・無関心であったとはいえません。村人たちも訴訟に勝つために必死であり、訴訟の進行状況や法廷での審理には重大な関心を払っていました。そして、その過程で、所有権絶対の論理についても一定の理解をもつに至ったと考えられるのです。

●いよいよ判決下る

明治15年8月5日、いよいよ堺始審裁判所において判決が言い渡されました。判決では、以下の諸点が宣告されました。

①原告は、飛ヶ城池の水利について多大な利害関係を有しているがゆえに、その水上《みなかみ》にある野々上村の行為によって妨害を受けたときは、ただちに野々上村に対して訴訟を起こす権利がある。

②十五町溝《じゅうごちょうみぞ》（＝第四水路）は今池に流入する水路であり、戸井土の溝は新設されたものである。

③古来より十五町溝を流れる水が今池・飛ヶ城池を経て陵池に注いでいることが明らかである以上、野々上村は、水源の所有者であるといっても、ほしいままにその水利を左右することはできない。したがって、戸井土の溝の新設は認められない。

④よって、被告は、原告の請求通り速やかに新規の溝を撤去すべきである。

これは、原告側の全面勝訴だといえます。被告側が当初主張した論理（所有権の絶対性）も、のちに持ち出した論理（原告・被告間に直接の関係なし）も、ともに明確に退けられているのです。

これに対して、野中村は、大阪控訴裁判所（現在の高等裁判所）に控訴しました（このとき、野々上村は控訴しませんでした）。控訴審の判決は、明治16年（1883）2月26日に言い渡されましたが、そこでも、戸井土の溝は新設されたものであり、他村の水利に支障がある以上、ほしいままに溝を新設することはできないとされました。始審に続いて、控訴審でも岡村の勝訴となったのです。当時の司法機関の基本姿勢は「旧来の慣行尊重」であったといえます。

判決を受けて、野中村ではさらに上告することも考えましたが、誉田村の矢野孫太郎《やのまごたろう》ら近隣の有力者4人が仲裁に入って、明治16年4月に和解が成立しました。そして、岡・野中両村の間で定約書《じょうやくしょ》が取り交わされ、明治15年に野中村と野々上村が新設した戸井土の溝は撤去することとされました。野中村も、溝が新設であることを認めて、その撤去に応じたのです。

そして、野々上・野中・藤井寺・岡の4か村は、「われわれ4か村は、いずれも溜池からの用水を不可欠としているので、今後他村の妨害となるようなことを主張しないのはもちろん、互いに用水には気を配ることにする」ことを約束しました。ここでは、4か村が溜池灌漑を通じて密接な関係にあることが再確認され、相互の協力が強調されています。さらに、4か村間での水利用の仕方が具体的かつ詳細に取り決められました。

このように、裁判で最後まで争うことをせず、途中で地域の有力者が仲裁に入って和解による解決を図ることは、江戸時代において一般的にみられた紛争解決法でした。徹底的に争うことによって、訴訟終結後に当事者間にしこりが残ることを避けようとしたのです。また、野中村は、訴訟において一時主張したような所有権絶対の論理を捨て、関係村々との協調優先の姿勢に転じています。

●所有権絶対の論理は採用されなかったが…

ここで、以上みてきたところを整理しておきましょう。

岡村と野々上・野中両村の争いにおいて、岡村は「旧来の慣行尊重」という江戸時代以来の論理を主張しましたが、野々上・野中両村は、所有権の絶対性という新しい論理を前面に掲げました。ここにおいて、訴訟は江戸時代とは異なる様相を呈することになりました。

しかし、野々上・野中両村は、同時に、戸井土の溝は旧来からあったもので、旧来の慣行を破ってはいないとも述べて、岡村と同じ土俵でも正面から争っており、新規の論理一本槍だったわけではありません。また、訴訟の後半では所有権絶対の論理を引っ込めてもいます。そして、裁判所も、所有権絶対の論理は採用していないのであり、結局、地域有力者の調停による和解という江戸時代以来の解決法で最終的な決着がついたのでした。

所有権絶対不可侵の論理は近代社会の大原則のひとつであり、欧米のみならず日本においても地租改正（明治初年に実施された土地制度・税制の大改革）などを通じてしだいに支配的になっていくのですが、ここでみたように、その過程は、新しい論理が古い論理を一方的・直線的に駆逐《くちく》していくというものではなく、新しい論理が古い論理と並行して主張されたり、新しい論理が否定されて古い論理が復活したりするといった複雑な過程をたどったのであり、これが歴史の現実だったのです。

しかし、この場合、新しい論理はいっときのあだ花だったのかといえば、そうではありません。それは、欧米思想を学んだ代言人だけのものではなく、野中村では少なくとも村会議員レベルまではそうした論理を主張して争うことが了解されていました。また、岡村側も、旧来の慣行を主張するだけではなく、審理の過程では所有権絶対の論理に対して、フランス民法典の解釈にまで立ち入って反論を加えていました。

その意味では、新しい論理は、それに反対する岡村にも一定の影響を及ぼしたのであり、相争う双方に新鮮な衝撃を与えたといえるでしょう。何よりも、新しい論理は、この訴訟では否定されたものの、長い目でみれば、しだいに社会の全体に浸透していったのです。

三　明治時代に水利をめぐって起こった変化

ここでは第一〜二節で述べたことに加えて、明治期に水利をめぐって起こったたいくつかの変化にふれておきたいと思います。

第一〜二節でも出てきた今池は藤井寺村の溜池でしたが（102〜103ページ参照）、位置的には野々上村の領域内にありました。そこで、地租改正・地券《ちけん》（明治政府が地租改正の一環として、土地所有者に交付した所有権の証明書）発行に際して、藤井寺・野々上両村は、規則の定めるところに従って、今池については両村共有名義の地券を申請しました。そして、明治7年（1874）1月には、申請通り今池の敷地は両村の共有地であることを証する地券が下付されました。

●地租改正による「地盤所有権」の確定

その後、明治12年3月には、池の敷地の所有権は藤井寺村にあることが、藤井寺・野々上両村間で確認されています。

一般に、江戸時代においては、水の利用権については激しく争われましたが、溜池や用水路の地盤所有権自体が厳密に問題にされることは少なかったのです。ところが、地租改正が実施されると、地盤所有権を確定する必要が生じました。これは、大きな変化です。

今池の場合は、野々上村の領域内にありつつも、江戸時代には漠然と池の地盤も含めて藤井寺村のもののように考えられていました。ところが、明治7年には、国の規則に規定されて、いったんは両村の共有地とされたのです。このように、地租改正の際には、不明確だった所有権が明確化されただけでなく、従来の関係に一定の変更が加えられる場合がありました。そのため、関係村々の間で紛争を生じることもあったのです。

●村内の対立で「投票」が採用

明治36年（1903）には、飛ヶ城池の水利用などをめぐって、大字《おおあざ》（部落、江戸時代の村にあたります）野中と大字藤井寺の争いが起こりました。その過程で、7月8日には、両者の間が険悪になり、双方の農民が総出であわや衝突に及ぼうかという形勢になりましたが、野中の係員（用水関係の担当者）が中に入って事なきを得るという一幕もありました。用水の有無は農民にとっては死活問題であり、時には実力行使に及ぶというのは、近世（江戸時代）も近代も共通でした。

この争いのなかで、野中では、戸主全員の集会を繰り返し開いて対応を協議しましたが、なかなか意見がまとまりませんでした。8月22日の戸主集会では、2つの案をめぐって参加者の間で激論となり、結局投票で決めることになりました。

ところが、まさに開票しようとしたとき、常設委員林《はやし》捨次郎《すてじろう》（常設委員は、無給で祭礼・募金・水利など大字の運営全般に関わる役職。このとき林は一方の案の提案者でもありました）が、「こうなったのは、私の尽力不足の結果なので、はなはだいいにくいのだが、ここは私に一任してほしい」といったので、参加者一同も、「林さんがそれほどまでにいうのならば、彼に任せても差し支えなかろう」ということに一決しました。ちなみに、後で開票したところ、林の提案ではない方の案が多数の票を得ていたということです。

以上の経過で注目したいことの第1は、大字の意思決定にあたって投票が採用されていることです。江戸時代の村寄合《むらよりあい》（村の戸主の集会で、村の最高意思決定の場）においては、当然意見の対立はあり議論がたたかわされましたが、投票により最終決着が図られることは少なかったのです。大まかな意見の分布は考慮されますが、その上で最終的には全員一致のかたちで村の意思がまとめられるのが常だったといえます。ところが、明治36年の野中では投票が実施されており、近代代議制の意思決定方法が大字レベルまで浸透してきていることがわかります。

しかし、第2に注目したいのは、開票直前に常設委員林捨次郎が自分への一任を訴え、それが了承されたことです。林は、自らの提案が否決されそうだったのでこうした行動に出たという可能性も考えられなくはありませんが、それでは彼の反対者も含めて皆が彼への一任を認めた理由を説明できません。むしろ、林の行動は、開票により村内の意見の分裂状況が表面化することを避け、村内の融和を最優先させようとしたものであり、江戸時代以来の理念を継承したものと考えられるのです。そして、それが村の慣行――白黒をはっきりつけるよりも、村の和を重視する――にのっとっていたからこそ、皆もそれを受け入れたのでしょう。

ここから、近代の村（大字）が近世以来の慣行を受け継ぎつつ、ゆるやかに近代化していく様子をみてとることができるでしょう。

●水利問題に参画できるのは土地所有者のみ

前項でみたように、明治36年（１９０３）においては、野中のすべての戸主が水利問題で大字の意思決定に参加できました。ところが、明治38年には、野中にある下《しも》ノ田池《のたいけ》（221ページの図11参照）の堤防工事実施の可否について、まず10月4日に、地租（地価に応じて所有地に課される税金）負担額10円以上の納税者の集会において議論されました。そこでは、実施が可とされましたが、一応ほかの水田所有者（自作農）とも協議することとされました。そして、翌10月5日に、水田所有者全体（地租負担額10円未満の者も含みます）の集会が開かれ、工事着手が決議されています。

さらに、明治41年（1908）6月には、田植えの際の水配分について水田所有者たちの集会で協議され、明治42年8月には、溜池用水の配分方法がやはり水田所有者たちの集会において決定されています。以後も、水利関係の案件については、すべて水田所有者の集会において議論し決定されていくのです。

このように、野中においては、明治38年頃を画期として、水利問題についての意思決定に参画できる者の範囲が、戸主全員から戸主のうちでも水田所有者のみへと変化しているのです。すなわち、それまでは自作・小作を問わず、野中の住民であれば戸主は部落の意思決定過程に参加できたのに対して、これ以降は水田所有者のみの参加に限定されたのです。逆に、野中に水田を所有していれば、よその部落の住民でも集会に参加できるようになりました。

こうした変化は、国の法整備の影響を受けて起こったものでした。明治23年に水利組合条例が制定され、水利事務を市町村行政の一環として取り扱うことが困難なところでは水利組合を設置することが認められました。そして、水利組合の組合員は土地所有者に限られ、小作人はそこから排除されたのです。水利組合条例は、明治41年に改正されて水利組合法となりましたが、組合員を土地所有者に限定する点は変わりありませんでした。こうした全国的趨勢《すうせい》が、野中にも及んできたのです。

このことは、江戸時代からの時代の流れのなかで、どう位置づけられるでしょうか。江戸時代においては、水利問題の基礎単位は村であり、個々の家は村という枠組みを通して水利に関わっていました。そして、村の住民であれば、自作・小作を問わず、村寄合において水利問題について議論できるということが、江戸時代後期において村ぐるみで水利問題に対処することを可能にしていたのです。こうしたあり方は、明治維新期を通じて基本的に変化しませんでした。

しかし、20世紀に入るころには、水利に関与できるのは土地所有者に限られるという変化が生じたのです。これは、現実の利用よりも、法律上の所有権を重視するという、近代的な法観念の影響です。こうした考え方のもとでは、小作人は耕作者ではあっても土地所有者ではないため、土地と密接に関連する水利の問題には関与できないとされてしまうのです。

以後も、水利は村（大字）の問題であるという性格は継続しますが、村（村人全体）の水利から土地所有者の水利への転換が始まった点はおさえておかねばなりません。所有が利用を圧倒する――その極端な表れが、現代における「地上げ」や「土地ころがし」です――近代の論理が、社会を覆い尽くすようになっていったのです。

まとめ

●第一〜三章のまとめ

ここで、本書の内容をまとめておきましょう。第一部についてはあらためてまとめる必要はないかと思いますので、第二部のみ述べます。

①王水樋組合にしても、溜池をめぐる村々の関係にしても、その原型の成立（構成村、利用慣行など）は戦国時代以前にさかのぼるとみて間違いありません。それらの関係は、いずれも村を基礎単位としたものであり、領主もそれを認めていました。江戸時代の地域社会は、中世後期から戦国時代に形成された水利秩序を継承していたのです。

②しかし、江戸時代に移行する過程で、そこには以下のような無視しがたい変化も生じていました。17世紀には、王水樋組合の構成村は7か村とされていましたが、7か村とはどの村を指すかということについては、文書によって若干の異同がありました。

また、岡村が、寛文12年（1672）には、南岡と北岡というかたちで別個のものとして文書に現れるなど、どの範囲を1村とするかについてもはっきり決まっていたわけではありませんでした。18世紀になってようやく、王水樋組合8か村が固定するようになったのです。

等しく村といい組合村々といっても、どの範囲を1村とし、どの村を用水組合の構成メンバーとするかは、中世・近世（江戸時代）を通じて一様ではなく、王水樋組合の場合、それが確定するのは18世紀になってからのことでした。

③王水樋組合は、17世紀初期までは、誉田八幡宮の強い宗教的影響力の下にありましたが、17世紀後半以降、その影響力は基本的に払拭《ふっしょく》されました。江戸時代の王水樋組合は、政治的・宗教的権力の支配する範囲とは相対的に独自のまとまりになったのです。百姓の農業経営に不可欠の用水を確保するための、百姓たちの自律的集団になっていったといえます。そのなかで、戦国時代以来の「名主《なぬし(みょうしゅ)》」は姿を消し、用水組合は、村を代表する村役人たちが中心的に運営を担うようになりました。

④領主の役人が、検地や普請などで頻繁に村にやってきて、水利秩序の確認・整備・変更などを行なったことも、17世紀の特徴です。また、17世紀には、文書のなかに、「今後検地が行なわれても、この文書で定めた水利秩序に変更はない」旨の文言がみられました。これは、村々にとっての検地のインパクトの大きさ（水利秩序への

影響も含めて）を示すとともに、それへの村々の主体的な対応を表すものでもありました。

そして、18世紀になると、領主は村から撤退していき、それと反比例して村々による地域的水利秩序の自律性が強まっていきます。

⑤村のなかの動きをみると、17世紀を通じて、階層差はありつつも、惣百姓《そうびゃくしょう》（百姓全員）が村運営に参画する体制ができあがっていきました。村が、自立してきた百姓たちの暮らしを守るための組織としての性格をはっきりさせてくるのです。そして、経済的有力者＝地主は、村の一員として、村のためにその経済力に見合った応分の負担を求められるようになります。

そうした動きは、用水組合の負担のあり方にも反映していきました。それが、王水樋組合でみられるような、組合経費の水掛かり高に応じた負担原則です。水掛かり高に応じた負担では、用水を利用する所有地の多い者は多く、少ない者は少なく負担することになります。その点で、かなり合理的な負担方法だといえます。これに対して、所有地の多少に関わりのない均等負担では、所有地の少ない百姓ほど負担が重くなります。また、一部の有力者が、百姓たちの負担額を恣意《しい》的に決めるなどは、もってのほかです。

そこで、発言力を強めた小百姓たちが、水掛かり高に応じた負担を求めて、それを実現したのです。このようなかたちで、村内部の変化と村を越えた水利秩序の変化とは連動していたのでした。

⑥17世紀初期から、用水をめぐる争いにおける自己正当化の論理は、「相手が従来の慣行を破って新規の行為をしたのだから、これまで通りのかたちに原状回復してほしい」というものでした。こうした論理は、中世からみられたものです。

しかし、従来の慣行がどのようなものだったかをはっきりさせる際に、中世においては地域に住む古老の証言が重視されたのに対して、17世紀には証拠文書の重要性が増していきました。口頭の証言から文書の記載内容へと、比重が移っていったのです。

17世紀には、それまで明文化されていなかった慣行が、初めて文書のかたちで確認されるケースが増えました。また、17世紀において改変された水利秩序のあり方が、文書に明記されることもありました。これらの文書が、その後の争いの際に証拠とされたのです。

17世紀の水争いで用いられた証拠文書は、江戸時代初頭以降に作成されたものであり、中世にさかのぼるものではありませんでした。17世紀は、村や地域の変化に応じて新たな慣行が成立し、それが文書のうえに定着した時期でもあったのです。

以上が、中世から近世にかけての変化と、その結果成立した江戸時代の水利秩序の特質だといえます。

●第五章のまとめ

第四章では、用水組合を構成する村の内部がどのようになっているのか、岡村と誉田村を取り上げて述べてみました。第四章については、あらためてまとめる必要はないでしょう。

次に、第五章で述べたところを3点にまとめておきましょう。

第1は、明治維新期における変動のあり方です。これには、①大きく変わった点、②基本的に変わらなかった点、③いったんは変わったが元に戻った点、があります。

①としては、地租改正により、溜池の地盤所有権が明確化されたことがあげられます。地租改正とそれに続く新政策は、耕地の所有権のみならず水利権のありようにも影響を与えたのです。

②としては、地域の水利秩序が村を単位に形成されている点があげられます。この点は、第五章で取り上げた訴訟においても前提とされていました。

③としては、旧来の慣行を尊重するという原則によって保たれていた地域の水利秩序に、所有権の絶対性という新たな論理が突然対置され、結局は否定されたことがあげられます。

歴史の変動とは、変わったか変わらなかったかという単純な二者択一ではなく、こうした新たな衝撃とその後の揺り戻しといった複雑な過程をもたどるのです。したがって、新たな衝撃のもった意味と、旧来からの慣行の枠内で落着したという結果のもつ意味の双方を考慮する必要があるといえるでしょう。

第2に、明治維新期の変動は、20世紀まで視野に入れた、さらに長い時間軸のなかに位置づけてみる必要があるということです。そうすると、明治維新期には基本的に変化がなかった村単位の水利秩序が、20世紀に入ると、土地所有者単位のそれへと変わりはじめていることがわかります。ある時点では変わらなかったものも、長期的な視野でみれば歴史の変動のなかにあるのです。また、村（大字）の意思決定プロセスに多数決原理が浸透しつつも、最終的には村全体の和合が優先されたように、変動は従来の慣行と絡み合いつつ徐々に進行する場合も多いのです。

第3に、明治維新期の変動は、村人たちにとって、基本的に外からもたらされたということです。地租改正しかり、所有権絶対の論理しかりです。それを求め、また受け入れる素地が村になかったわけではありませんが、村人の多くにとって、変化は外在的なものとして受け止められました。したがって、それだけ受けた衝撃も大きかったでしょう。

変動が内在的なものか外在的なものかは、民衆の変動の受け止め方とそれへの対応の仕方を規定するのであり、この点は変動が民衆にとってもった意味を考える際に重視しなければならないポイントだといえます。

変動が内部から徐々に生じたものであれば、民衆は比較的自然にそれと向き合い、受け止めることができますから、民衆の対応は相対的に穏やかなものになります。それに対して、変動が社会の外から突然やってきた場合には、それへの対応は恐怖や反発・拒絶など、いずれにしても相対的に激しいものになります。

明治維新の場合には、諸外国による外圧というかたちで、変化は主に国外からもたらされました。国内においても、水利秩序が徐々に改変されていったように、内在的な変化は起こっていたのですが、外圧はそれを上回る衝撃を与えたのです。

百姓を中心とする民衆は、それでも明治維新の衝撃を何とか受け止め、自らの生活様式や考え方を新時代に適応させながら、近代の荒波を乗り越えようと懸命の努力を続けていったのでした。

おわりに

本書は、江戸時代の百姓と水の関わりを描くことで、広くいえばヒトが「生きる」ということの具体的なありようについて考えようとしたものです。ヒトが生きていくためには、水が不可欠です。そこで、ヒトは、水を確保するために必死になり、そこに争いが生まれます。そのこと自体は、時代と地域を問わず人類に普遍的な現象ですが、争いの原因・背景やそれを解決する仕方には時代と地域の個性が表れます。水争いの時代的変遷をたどることによって、ヒトが生きるために積み重ねてきた営為のあとを明らかにすることができるでしょう。

江戸時代の河川は、農業用水源として重要であるとともに、舟運路《しゅううん》としても重要な意味をもっていました。さらに、漁業も行なわれ、水車による製粉業も営まれました。もちろん、飲料水や生活用水としても用いられました。このように川が多目的に利用されるということは、同時に利用者間での利害対立が起こりやすいということでもありました。農業用水として取水するためには、河川から用水路へと水を分ける必要があり、そのためには河川に堰《せき》を設けて、そこで川の流れをいったん堰《せ》き止めなければなりません。しかし、川を下る船にとっては、堰は通行の障害物となります。そのため、百姓と、舟運業者や彼に荷物を託す商人との間で対立が起こるのです。水（河川）の多目的利用は、争いの原因ともなりました。

　水争いは、百姓の間でも頻発しました。村人同士の争いもあれば、村対村、村々対村々の争いもありました。そして、村対村の争いが、それぞれの村内部の結束を固める契機にもなったのです。同時に、村の結束は、一面で、村の多数意思に対して、個人が異論を主張することを困難にもしました。水争いは、村社会のあり方に複雑で多様な影響を与えたのです。

　水争いが頻発する背景には、水資源の希少化がありました。江戸時代は、ヒトと自然が調和した理想的なエコロジー社会ではなく、自然資源の希少化が現実のものとなった時代でした。そのなかで、百姓たちは、いかに資源を有効かつ持続的に利用するか知恵を絞りました。水争いとは、その過程で起こった軋轢《あつれき》なのであり、争いをセンセーショナルに取り上げるだけでなく、争いの原因や背景、そして解決のされ方などに注目して、そこにヒトと自然、ヒトとヒトとのよりよい関係づくりの努力の軌跡を読み取ることが求められるでしょう。そうした努力の結果として、江戸時代が現代と比べたときに、相対的にエコロジカルな社会となり得たのです。

江戸時代の百姓たちは、自然保護とか環境保護などを明確な目標として意識していたわけではありませんでしたが、自らの生活を成り立たせるためには一定のルールや自己規制が必要なことは経験的にわかっていました。そして、お互いが我慢と不満を抱えながらも、なんとか合意してルール作りを進めました。そうして作られたルールの積極的意義と、そこにはらまれた矛盾、そしてルールをよりよいものに変えていくための努力のあとを、古文書を通して追体験する意味は小さくはないでしょう。

百姓たちは、一見すると、同じようなことを繰り返し争っていたようにみえます。実際、そういう側面もあったでしょう。しかし、長い目でみれば、中世には暴力によって解決されていた水争いが、江戸時代には交渉や裁判によって解決されるようになったのです。暴力の行使を自制して、平和的な解決が目指されたのであり、そこに歴史の大きな変化をみることができます。行きつ戻りつしながらの、またわずかずつの変化ではあっても、それを見逃さない目をもつことが大切だと思います。本書は、おおよそ以上のようなことを考えながら書いたものです。

本書の第二部は、大阪府藤井寺市の『藤井寺市史』編纂《へんさん》に関わったことにより生まれたものです。編纂事業にお誘いくださった故・佐々木潤之介先生をはじめとする編纂関係者の皆様、また所蔵文書を快く見せてくださった岡田績氏をはじめとする文書所蔵者の皆様に心より感謝いたします。また、本書ができるまでには、編集担当の貞島一秀さんからたいへん多くの貴重なアドバイスをいただきました。記して厚くお礼申し上げます。

２０１４年１月

渡辺尚志

文庫版あとがき

本書では、用水（利水）と治水を中心に、江戸時代における人と水の関わり、水をめぐる人々の協働と対立について述べてきました。一方、今日では、地球温暖化の影響もあって、大型台風による集中豪雨が増加し、河川氾濫や土砂崩れによる被害が頻発しています。江戸時代にも、現代と同様に水害が多発していました。だからこそ、江戸時代人は治水工事に多大の労力と経費を投入したのです。本書でも、治水については述べましたが、治水の重要性の前提にある水害と、被災地の復興の取り組みについてはほとんど述べられませんでした。そこで、以下、この点について、具体例に基づいて少し述べておきましょう。

ご紹介するのは、寛保《かんぽう》2年（1742）の関東地方の大洪水と、その際に被災者の救済に尽力した奥貫友山《おくぬきゆうざん》（1708～1787）という人物です。

寛保2年8月1日（太陽暦8月30日）から2日にかけて、台風による集中豪雨で、関東周辺では荒川などの河川の堤防が決壊して、広範囲にわたって大洪水になりました。このとき、関東地方と信濃《しなの》国（現長野県）で計４０９４か村が被災し、流失・倒壊家屋１万８１７５戸、水死者１０５８人の被害を出したとされます。

　このとき被災者の救済に尽力したのが、武蔵《むさし》国入間《いるま》郡久下戸《くげど》村上組《かみぐみ》の名主奥貫友山でした。久下戸村は川越《かわごえ》藩領で、荒川の西岸、川からほど近い所に位置していました。洪水のとき、久下戸村では軒まで水に浸かった家もあり、家屋・家財・農作物の被害は甚大でした。

　川越藩の救援活動が不十分だったため、友山は水が引くと早速、村で土木工事を起工することにしました。工事の中心は、道普請《みちぶしん》・造林・水塚《みづか》（水害時の避難用に土盛りした塚）建設でした。工事は復旧（道普請）・復興（新たな造林）・防災（水塚建設）を目指すものであると同時に、働いた村人が日当を得られるという一石二鳥の効果がありました。しかし、これだと働けない者には援助が行き届かないというマイナス面もありました。そこで、友山は、働けない困窮者たちには無償で食糧を支給しました。

　さらに、友山は、自村や近隣の被災者に雑穀類を無償で支給したり、食糧代金を貸与したりして救済に努めました。彼が救済に用いた金額は総計金１０８両余にのぼり、救済した人の総数は48か村、１万６０００人余に達したといわれます。

　友山が救済した相手をみると、久下戸村の村人が45パーセント、近隣村の村人が14パーセント、遠方からやって来た困窮者が41パーセントとなります。友山は、日頃付き合いのある人や関係のある村の救済に当たるのはもとより、たとえ赤の他人であっても、頼ってくる困窮者には援助の手を差し伸べたのです。

われわれからすれば、こうした友山の行為は賞賛に値するように思えますが、実は友山自身は、後に、救済活動を手広くやりすぎたと後悔しています。救済活動への出費が奥貫家の家計に打撃を与えたことに加えて、村や地域の人々からは批判の目も向けられたのです。久下戸村の村人たちは、友山に感謝しつつも、一面では、村外の者たちの救済などやめて、自分たちをもっと手厚く救済してほしいという不満を抱いていたのです。

ここには、地域有力者が私財を投じて行なう救済活動の積極的意義の裏にある難しさが示されているように思えます。そうした難しさは、友山ら地域有力者に、個人の善行ではない、より制度化された救済システムの確立を希求させたでしょう。それが、近代以降の国や地方自治体による積極的な災害対応の実施を促す民間からの圧力になりました（奥貫友山については拙著『日本人は災害からどう復興したか』農山漁村文化協会、をご覧ください）。

今日では、災害復興に際して、自助・共助・公助の三者の大切さが強調されます。友山らの思いも受けて、今日では江戸時代よりも公助の仕組みは整ってきています。その反面、共助（地域社会での助け合い）の力は江戸時代よりも低下しているようにも思えます。そこで、将来を考える際には、不十分な公助を補完すべく、共助の中心になって奮闘した友山らの活動を振り返ることも必要でしょう。こうした面でも、われわれが江戸時代から学ぶ意義は大きいはずです。本書がその一助となれば幸いです。

渡辺尚志

2022年1月

参考文献一覧

〈全体に関わるもの〉
大熊　孝　『技術にも自治がある』農山漁村文化協会、２００４年
喜多村俊夫　『日本灌漑水利慣行の史的研究　総論篇』岩波書店、１９５０年
玉城哲・旗手勳『風土』平凡社、１９７４年

〈その他〉
大石久敬著・大石慎三郎校訂『地方凡例録』下巻、近藤出版社、１９６９年
川島　孝　「近世用水争論の解決過程」大阪府立大学『歴史研究』16号、１９７４年
酒井紀美　『日本中世の在地社会』吉川弘文館、１９９９年
佐々木潤之介　「一七世紀中葉　畿内河内農村の状況」永原慶二ほか編『中世・近世の国家と社会』東京大学出版会、１９８６年
里上龍平　「明治十年代の水利権訴訟」『藤井寺市史紀要』12集、１９９１年
菅野則子　『村と改革』三省堂、１９９２年
関口博巨　「近世甲斐の力者と治水・開発」根岸茂夫ほか編『近世の環境と開発』思文閣出版、２０１０年
玉城　哲　『風土の経済学』新評論、１９７６年

同　　　　『日本の社会システム』農山漁村文化協会、1982年
同　　　　『むら社会と現代』毎日新聞社、1978年
津田秀夫　『幕末社会の研究』柏書房、1977年
外池　昇　『幕末・明治期の陵墓』吉川弘文館、1997年
中久兵衛　『甚兵衛と大和川』中久兵衛、2004年
葉山禎作　『近世農業発展の生産力分析』御茶の水書房、1969年
原田信男　『コメを選んだ日本の歴史』文藝春秋、2006年
平野哲也　「江戸時代における川利用の多様性と諸生業の共存」『栃木県立文書館研究紀要』15号、2011年
同　　　　「沼の生業の多様性と持続性」山本隆志編『日本中世政治文化論の射程』思文閣出版、2012年
『藤井寺市史』第10巻　史料編8上、藤井寺市、1991年
『藤井寺市史』第2巻　通史編2近世、藤井寺市、2002年
安室　知　「複合生業論」『講座日本の民俗学5　生業の民俗』雄山閣出版、1997年
同　　　　「稼ぎ」『暮らしの中の民俗学2　一年』吉川弘文館、2003年
同　　　　『水田漁撈の研究』慶友社、2005年
渡辺尚志　『豪農・村落共同体と地域社会』柏書房、2007年
渡辺尚志編『畿内の豪農経営と地域社会』思文閣出版、2008年

＊本書は、二〇一四年に当社より刊行した著作を文庫化したものです。

草思社文庫

百姓たちの水資源戦争

江戸時代の水争いを追う

2022年2月8日　第1刷発行

著　者　渡辺尚志

発行者　藤田　博

発行所　株式会社 草思社

〒160-0022　東京都新宿区新宿1-10-1

電話　03(4580)7680(編集)

03(4580)7676(営業)

http://www.soshisha.com/

本文組版　鈴木知哉

印刷所　中央精版印刷 株式会社

製本所　中央精版印刷 株式会社

本体表紙デザイン　間村俊一

ISBN978-4-7942-2566-5　Printed in Japan